# HAND PAINTED LANDSCAPE

# 景观设计手绘表现

庐山艺术特训营教研组　编著

辽宁科学技术出版社

·沈阳·

# PREFACE
## 前言

"手绘"不仅是设计师创作时思考、推敲、表达的重要方式，更是设计师与甲方之间、设计师与设计师之间快速交流、探讨、修改方案的重要手段。手绘在成为"创造力展示窗口"的同时，也完美地体现了设计的价值。因此，手绘是思想与图像之间相互激发而产生的结果。

在设计创思时，设计师不仅要快速地构想出大量的方案，更要在思维发散的同时，准确记录、捕捉稍纵即逝的灵感，选择"手绘"这种创作方式，无疑是最快速也是最高效的。

无论有意还是无意，我们都不可否认，越来越多的从业者都认识到手绘的重要性，并着手开始学习手绘。我们在教学过程中最不愿看到的就是学生因缺少基本的技法而无法下笔或者不敢下笔，所以本书提供了一些简单、快速、高效的手绘表现方法，希望可以帮助大家越过这个障碍，同时也让大家避免局限于那些"真实呈现的技巧"，转而去寻找一些触手可及的手绘表达方法与绘画风格。

本书编排的重点是从手绘设计的"基础知识"出发，以"快速、高效的表现技巧"为核心，通过对大量设计方案的解析，力求系统而完整地剖析手绘草图，让读者认识到手绘草图在设计中的重要作用，从而帮助读者收获学习手绘的正确方法。以下是本书总结的一些手绘设计学习技巧：

1. 从基础的手绘学习方法着手，循序渐进地导入。本书将引导读者从"不会画"到"敢于动手"，再到"大胆画起来"的方式，不过分关注结果，不对结果设限，让读者大胆下笔。

2. 以设计创思为目的来学习手绘。为了能够达到快速捕捉稍纵即逝的灵感与想法，我们将引导读者学习快速、高效的具有表现意味的手绘技巧，从而让读者能真正地"用手绘来思考、用手绘来表达"，帮助读者用"可控的"方式将设计思维落实到纸面上。

3. 专业系统性的学习。让读者从"真实图像表达"的观念转变成"用手绘来进行创造性的探索"的独特表达思维，从而帮助读者找到属于自己的"快速、高效、放松"的手绘态度与风格。

庐山艺术特训营一直专注手绘设计的教育工作，我们从多年的教育教学经验和实践操作过程中点滴积累，形成了以"实用手绘"与"方法讲解"为出发点，按照"从基本手绘方法到高端设计方法"，以及"从案例分析到方案讲解"的一种循序渐进的教学方式，已帮助众多学子在短时间内掌握了高端手绘设计技巧。

本书由庐山艺术特训营教研中心的老师精心编著，整理了历年来特训营的教学作品与大量著名设计师的设计案例，意在抛砖引玉，若能让读者从本书中得到设计启发，我们将倍感欣慰。编排之中，若有不足之处，望各位同行予以指正。

最后，十分感谢陈红卫、杨健、沙沛老师在本书编排过程中给予的帮助，他们提供的优秀作品与经典案例，让本书的教学内容更富深度。

编者 于庐山艺术特训营

# CONTENTS
## 目录

# The First Chapter

## 景观手绘线稿基础知识

# 第一章

　　线条是手绘表现的基本语言，它的作用如同文中的词汇。任何设计草图都是由线条与光影组成的，线条是画面的骨架，它可以作用于画面的整体结构和主体形象，在画面结构中发挥主要的作用。

　　线条可以反映客观事物的基本形态，能够表现物体肌理质感和性格特征，将线条进行合理组织是表现物体基本属性和画面结构的重要手法，线条还可以有效地表达作者的想法和感受。

## 第一节　景观设计手绘草图的含义

　　手绘草图是设计师必不可少的一门基本功，是设计师表达设计理念、表达方案结果最直接的"视觉语言"。在设计创意阶段，草图能直接反映设计师构思时的灵光闪现，它所带来的结果往往是无法预见的，而这种"不可预知性"正是设计原创精神的灵魂所在。草图所表达的是一种假设，而设计创意本身就是假设再假设，用草图来表达这种假设十分方便，它不是一个目标，而是一种手段和过程，是对空间进行思考与推敲，再经过一系列思维碰撞而产生的灵感火花。手绘草图也是一种语言，能够快速记录设计师的分析和思考内容，也是设计师收集设计资料、表达设计思维的重要手段。同时，作为一门艺术，手绘草图因为表现者的修养而呈现出丰富多彩的艺术感染力，这些都是计算机无法比拟的(图1-1～图1-4)。

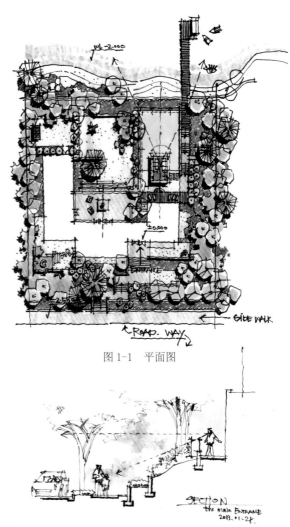

图 1-1　平面图

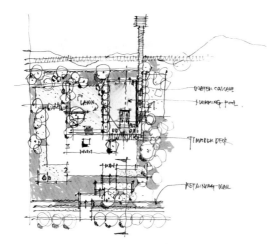

图 1-2　草图构思

图 1-3　剖、立面图

图 1-4　景观方案手绘草图　作者：马晓晨

5

　　手绘草图是一种图示思维方式，其根本点是形象化的思考和分析，设计师把大脑中的思维活动延伸到外部，通过图形使之外向化、具体化。在数据组合及思维组成的过程中，草图可以协助设计师将种种游离、松散的概念用具体的、可见的视图来表达。在发现、分析和解决问题的同时，设计师头脑中的思维形象通过手的勾勒而使其跃然纸上，所勾勒的形象则通过眼睛的观察又反馈到大脑，刺激大脑做进一步的思考、判断和综合。如此循环反复，最初的设计构思也随之愈发深入、完善。在与同事、其他专业人员以及相关部门进行交流、协调的过程中，草图是不可替代的最为方便、快捷、经济和有效的媒介。当然，要做到有效交流，需要选择最清楚的表达方式。技巧娴熟、绘制精良的草图有时甚至可以征服他人，使观者相信设计师的能力，从而为设计师的后续工作创造理解和信任的工作氛围。

　　设计往往开始于那些粗略的草图，草图能让创造性意象在快速表现中迸发，在冷静思考中成熟。手绘草图是创作思维的外在表现。笔可以思考，手绘草图水平到一定程度就能笔下生花。如弗兰克·盖里在他扭曲、蜿蜒、有节制的、颤动的草图线条中，产生了毕尔巴鄂古根海姆博物馆（图1-5）。扎哈·哈迪德在她的建筑画作品中表现出对电影情境的经营，似乎是在探索潜意识的世界，构筑自己的乌托邦。她对建筑施以外科手术，刻意营造瞬间的爆发、添加、重组、缝合。哈迪德的设计概念展示了建筑的自由和空间穿透的可能性（图1-6）。

　　在实际设计工作中，景观手绘草图更加侧重于使用快速而便捷的工具，以最高效的手段表达设计。更多时候它强调的是快速表达自己的思想，草图的绘制过程既是设计表达的一部分，也是设计构思的内容。不断生成的草图还会对设计构思产生刺激作用。设计开始阶段，通常是运用图解分析，如泡泡图、系统图等理清功能空间关系，然后运用二维的平面草图与剖面草图来初步构思方案的内部功能与空间形象。由于通过想象得到的形象是不稳定的、易变的，只有将它用视觉化的方法记录下来，才能真正实现形象化。

 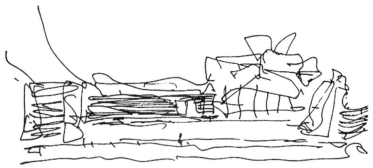

图1-5　弗兰克·盖里的毕尔巴鄂古根海姆博物馆草图

 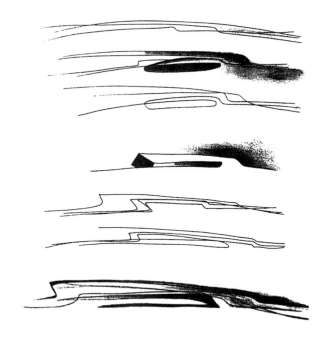

图1-6　扎哈·哈迪德的 LFone 园艺展廊草图

　　草图在视觉上是潦草的、粗略的，但却蕴含着可以发展的各种可能。在设计构思过程中，可以用相对模糊的线条忽略细节，设计从大局入手，快速地确定大的、主要的设计构想。然后，用半透明的硫酸纸蒙在前一张草图上勾画新的设计构思，形成一个对设计发展甄别、选择、排除和肯定的过程。这样，既能保留已被肯定的设计内容，又可看出设计的过程，提高草图设计的效率，设计师则可以避免因过早纠缠于细节问题而影响对整体的判断。

　　随着设计的深入，被肯定的设计内容越来越多，设计的精细度要求也越来越高。显而易见，绘制草图能够促进设计概念的形成，而且容易掌握。在设计构思阶段，主要的表达形式就是设计草图。草图虽然看起来粗糙、随意、不规范，但它常常记录了设计师的灵感火花。正因为它的"草"，多数设计师才乐于借助它来思考，这正是手绘草图的魅力所在(图1-7、图1-8)。

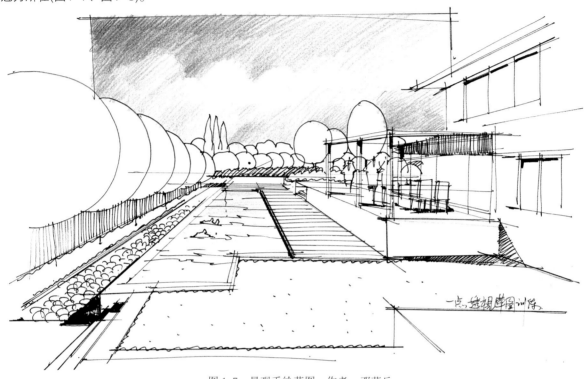

图1-7　景观手绘草图　作者：邓蒲兵

图1-8　景观手绘草图　作者：邓蒲兵

## 第二节　景观手绘图的类别

　　景观手绘表现的形式各种各样、风格迥异，其中有的严谨工整，有的简明扼要，有的粗犷奔放、灵活自由，更有质感真切、精细入微的类型。无论是哪一种手绘表现形式，都是建立在对景观手绘表现基本特征深入了解的基础上，不在于谁优谁劣，关键在于什么阶段、什么条件下使用最方便，易于发挥设计师的灵感与艺术创造性。

### 一、记录性草图

　　作为景观设计师，需要不断地完善与丰富自己的设计素材库，记录性草图就是一种很好的记录手段与工具。作为一种图形笔记，记录性草图很多时候源于生活中的一些随笔，看见一些好的设计作品，很随意地勾画几笔，快速地记录下来，就能在脑海里形成一个深刻的印象。或是在出去采风考察时也可随身带一个速写本，记录随时迸发的灵感火花。经常进行这种资料的汇集，日积月累，就能在大脑中形成一个很丰富的资料库(图1-9～图1-12)。

图1-9　记录性草图　作者：邓蒲兵

图1-10　记录性草图　作者：邓蒲兵

图1-11　记录性草图　作者：邓蒲兵

图1-12　记录性草图　作者：邓蒲兵

　　手绘草图是一种记录手段，与笔记、摄影、录像、录音一样，在设计的资料调研阶段，草图可以用来巩固视觉数据的记忆，将视觉数据作具体、快速的表达或记录。这种记录要求清晰、准确，有时随着思维的深入，前期的调研和记录工作需要不止一次地反复进行。

### 二、设计构思草图

　　设计师在进行设计创作中，在观察物象的同时，常常会在大脑中将视觉数据进行分析与组合，这时草图可被用来记录设计师对视觉数据进行初始化分析和想象的过程。设计是对设计条件不断协调、评估、平衡，并决定取舍的过程。在方案设计的开始阶段，设计师最初的设计意象是模糊而不确定的，草图能够把设计过程中偶发的灵感以及对设计条件的协调过程，通过可视的图形记录下来。这种绘图方式的再现，是抽象思维活动最适宜的表现方式，能

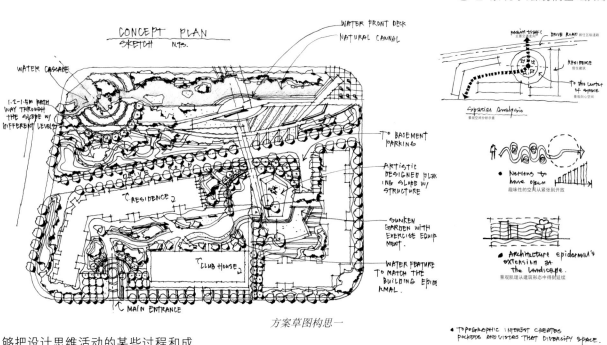

方案草图构思一

够把设计思维活动的某些过程和成果展示出来。当我们拿到一个设计项目时，常常会对项目进行空间分析与推敲，在推敲的过程之中慢慢形成自己的一些想法，经过几次这样的过程，方案开始进一步地确定，同时在进行设计草图的修改中往往会有一些意想不到的收获。草图是运用图示的形式来进行推进思维的活动，用图示来发现问题，尤其是方案开始阶段，运用徒手草图的形式把一些不确定的抽象思维慢慢地图示化，捕捉偶发的灵感以及具有创新意义的思维火花，一步步地实现设计目标。设计的过程是发现问题、解决问题的过程，设计草图的积累可以培养设计师敏锐的感受力与想象力（图1-13）。

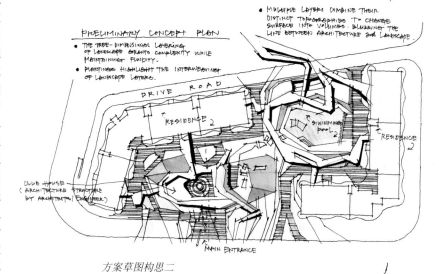

方案草图构思二

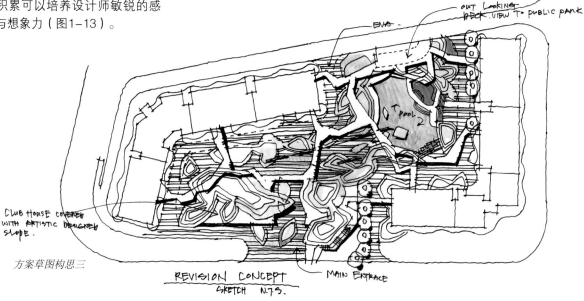

方案草图构思三

图1-13　广州大学城景观设计方案草图构思　作者：马晓晨

## 三、设计综合表现图

手绘效果图可以在短时间之内向甲方呈现自己的设计理念，以提升接单的成功率。

甲方往往在拿不定主意的时候会提出新要求，让设计者修改设计稿并展现。手绘效果图上阵的话，往往都会有出人意料的好结果。一个效果图设计方案，手绘图能在最短的时间里，把设计者的意念与客户的要求融和在一起(图1-14、图1-15)。

图 1-14  景观手绘表现效果图  作者：马晓晨

图 1-15  景观手绘表现效果图  作者：邓蒲兵

### 第三节 绘图工具的介绍

在绘制手绘效果图的过程中，良好的工具与材料对效果图表现起着至关重要的作用，也对技法的学习提供了很多便利的条件。但良好的工具与材料不是画好效果图的决定因素，娴熟的技法才是绘制之关键。运用不同的工具，所产生的表现形式也有所不同。为了达到较高质量的表现效果图，必须要细心地做好准备工作。本小节主要介绍手绘效果图线稿绘制阶段的常用工具（图1-16）。

#### 1.绘图笔

钢笔和中性笔的墨线清晰、肯定，具有很好的观赏效果，是最常用的效果图表现工具。钢笔和中性笔的笔端粗细都是可以选择的，一般要根据画的内容和幅面大小来决定，而画面中结构线的粗细有时候也显得非常重要。钢笔、中性笔在明暗效果和虚实处理上不如铅笔细腻，在效果图的表现中钢笔线条疏密变化以及暗部和明暗交界线概括处理也能够较好地画出素描关系。但要注意所使用的墨水干后不能被水溶开，以免着色的时候损坏画面效果。另外，有一种草图笔则更加自由奔放，而且不会渗色，多在硫酸纸上使用，也是常用的一种绘图工具（图1-17）。

（1）钢笔：常用美工笔，类似英雄382，其特点是笔头扁平，转动笔尖可以画出不同粗细且变化丰富的线条，线条优美而富有张力，一般在画快速设计草图与写生时比较适合。

（2）签字笔：线条表现自由，生动活泼，属于一次性用笔，根据习惯可选择不同粗细的型号使用，而且便宜，很多商店都可以买到。

（3）针管笔：有0.1、0.2、0.3、0.4等不同型号，可根据绘图需要购买。

（4）草图笔：在草图纸和硫酸纸上常用的笔，水分足，墨线清晰，使用流畅，富有视觉张力。也有粗细可以选择。

（5）自动铅笔：多用于正规手绘图绘制前的框架结构图的绘制。

（6）炭笔、铅笔：炭笔和铅笔是构思草图的常用工具，具有使用方便、灵活、易于修改等特点。其线条柔和、细腻，能表现出不同软硬的线条。

#### 2. 纸

在绘图的过程中，选择不同的纸张，绘出的效果也不一样。常用的绘图纸有复印纸、马克纸、快题纸等，其特点是色泽白、纹理细致，易于突出墨线线条，以及马克笔和彩铅的色彩。草图纸和硫酸纸的特点是半透明，可以拓图易于修改，在设计公司运用较多。还有水彩纸，但大多只适用于水彩颜料上色，水彩纸吸水性太强，不利于马克笔上色，耗色快（图1-18）。

#### 3.其他工具

其他的绘图辅助工具有直尺、比例尺、滚尺、丁字尺、三角尺、曲线板、图板、橡皮、透明胶带、裁纸刀等（图1-19）。

图 1-16 线稿绘图工具

图 1-17 不同的绘图笔

图 1-18 不同的绘图纸

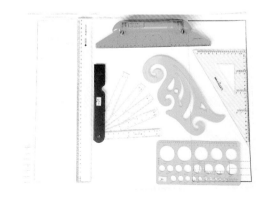

图 1-19 尺类工具

11

## 第四节 景观线条基础

### 一、景观线条基础练习与应用

景观设计徒手表达是景观设计师进行工作的基本语言，徒手表达包括了平面、立面、剖面、透视图等不同类型。不管哪种类型，重点在于表达设计相关信息的准确性，以及最终成图的可欣赏性。

线条依靠一定的组织排列，通过长短、粗细、疏密、曲直等来表现。一般来说，线描的表现分为工具和徒手两种画法。借助于绘图钢笔和直尺工具来表现的线条画出来较规范，可以弥补徒手绘图的不工整，但有时也不免显得有些呆板，缺乏个性。曲线用以表现不同弧度大小的圆弧线、圆形等，在表现时应讲究流畅性和对称性。线条主要包括直线和曲线的运用。直线用以表现水平线、垂直线和斜线等不同线条（图1-20）。

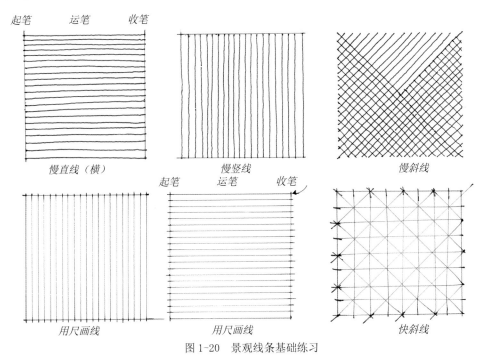

图1-20 景观线条基础练习

垂直线和水平线应首要保持平直的效果，其次是下笔时流畅、肯定，切勿拖沓犹豫。斜线也应由短到长地练习，掌握表现不同角度的倾斜线以准确表现透视线的变化，初学者在掌握基本要领后可进行有针对性的训练。

手绘表现中曲线的运用是整个表现过程中十分活跃的因素。在运用曲线时，一定要强调曲线的弹性、张力。画曲线时用笔一定要果断、有力，要一气呵成，不能出现所谓的"描"的现象（图1-21）。

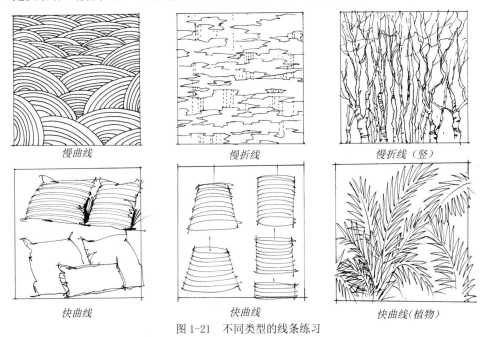

图1-21 不同类型的线条练习

　　线条的训练要注意对于力度的控制,力度的控制并不是将笔使劲往纸上按,而是指能感觉到笔尖在纸上的力度,手要掌握自如,欲轻欲重,都要做到随心而动,也不要故意抖动或使用其他矫揉造作的笔法。第一阶段的练习应该是比较轻松愉快的,没有任何要求,线条随意,只要多画,画到线条能控制自如,能自由掌握起笔、收笔的"势",也就是我们平时常说的线条比较"老练"了即达到要求。

　　怎样才能把线条画得有感觉?

　　画时要胸有成竹、落笔肯定,不要犹豫。

　　注意起笔、落笔的"势",既不要僵硬,也不要飘忽不定。

　　运笔速度要有控制,快慢得当。快的线条较直,适合表达简洁流畅的形体;慢的线条较为抖动,适合表达平稳而厚重的物体(图1-22)。

　　运笔时力度的细微变化是整体表现的重点,关键是起笔、落笔,快速线的重点在于画慢速的直线时,要有起笔、行笔、收笔,这样画出来的线条富有张力,自然、流畅、规整、简洁(图1-23)。

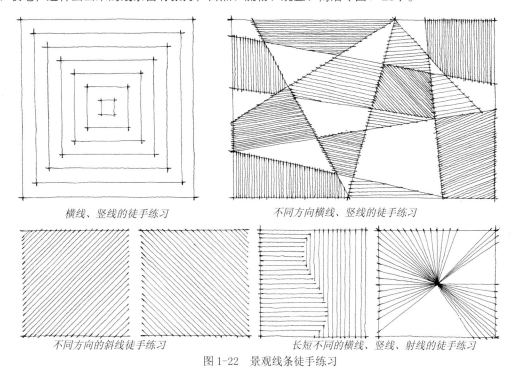

横线、竖线的徒手练习　　　　　　不同方向横线、竖线的徒手练习

不同方向的斜线徒手练习　　　　长短不同的横线、竖线、射线的徒手练习

图1-22　景观线条徒手练习

　　与直尺绘制的线条相比,徒手绘图更洒脱更随意,能更好地表述创意的灵动和艺术情感,但画不好会感觉凌乱。线是有情感和性格的,不同的笔绘出的线具有不同的个性特点(图1-24)。

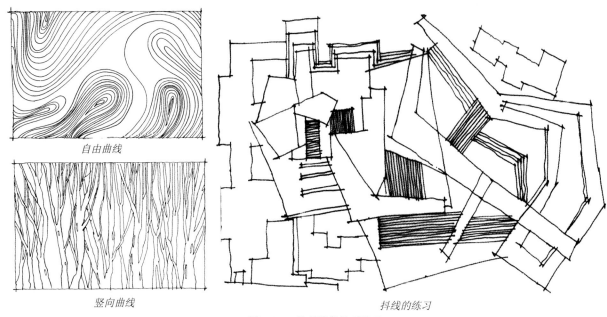

自由曲线

竖向曲线　　　　　　　　　　　　　抖线的练习

图1-23　景观线条徒手练习

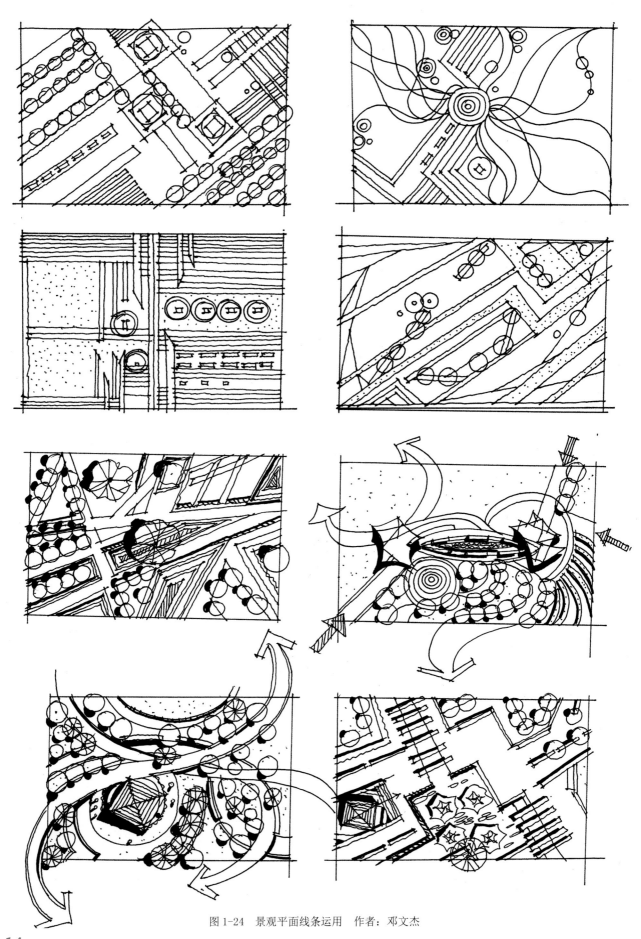

图 1-24  景观平面线条运用   作者：邓文杰

## 二、正确姿势

在练习线条的过程当中还要注意把握正确的姿势，保持一个良好的坐姿和握笔的习惯。一般来说，人的视线应尽量与台面保持垂直状态以手臂带动手腕用力（图1-25）。

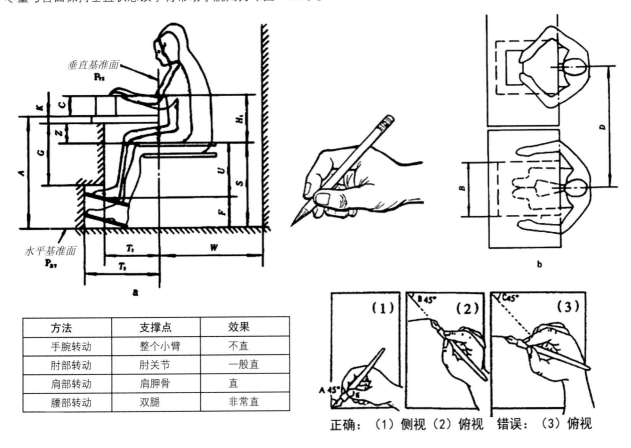

| 方法 | 支撑点 | 效果 |
|------|--------|------|
| 手腕转动 | 整个小臂 | 不直 |
| 肘部转动 | 肘关节 | 一般直 |
| 肩部转动 | 肩胛骨 | 直 |
| 腰部转动 | 双腿 | 非常直 |

正确：（1）侧视（2）俯视　错误：（3）俯视

图 1-25　正确的姿势及握笔和发力的方法

## 三、不同材质的表现

在进行设计表达过程中，我们需要表达不同空间、不同氛围中的不同材质。我们要熟练掌握线条，运用不同形式的线条以及线条的疏密、转折变化来表达不同材质（图1-26）。

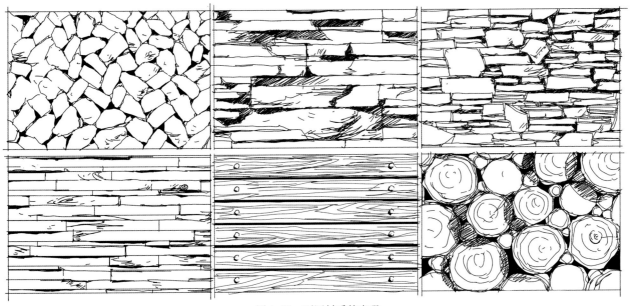

图 1-26　不同材质的表现

## 第五节　景观体块表达

通过观察分析和归纳，建筑是由一个个方盒子或是基本的几何体组成，能分解成体块是因为建筑本身就是由方盒子构成的，往外补个盒子，往里面切一个盒子，不同角度的，都是建筑空间感培养的不二法门。根据不同设计的需要，或者根据个人的理解，很多建筑是从外部形体入手开始设计的。这是一种比较纯粹的手绘草图，是对建筑进行构思、推敲的初步体现。因为表现形式多是结构化和构成化。一般要表达的已建成建筑体量比较复杂，又有很多细部，就容易被其细部所干扰，影响到对形态准确性的把握，正确的方法是先忽略与总体形态无关的一些细部，先抓住形体的大关系，清楚了这个大关系后再往里加细部，这样就不容易走形（图1-27、图1-28）。

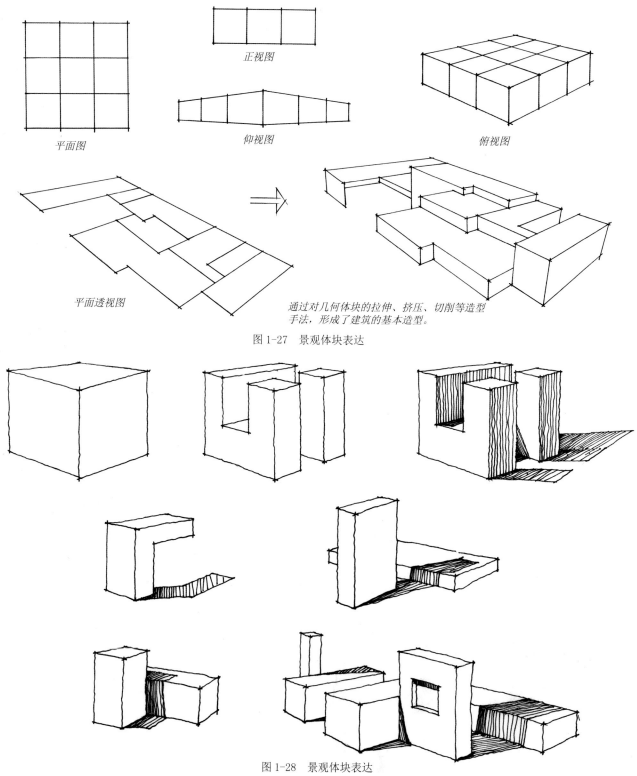

平面图

正视图

仰视图

俯视图

平面透视图

通过对几何体块的拉伸、挤压、切削等造型手法，形成了建筑的基本造型。

图 1-27　景观体块表达

图 1-28　景观体块表达

　　画体块盒子是为了辅助自己的立体形象思维，对盒子穿插、变化的想象和描绘，是对自己立体空间形象思维能力的一种挑战和磨炼。在设计中并不是头脑中有一个具体形象后才画到纸上，有时甚至只是一个局部的勾勒，只有将构思画出来了才能验证它能否有设计感和可实施性（图1-29）。

图 1-29　景观体块在设计中的演变

## 第六节　空间概括思维训练（空间几何化）

空间概念的建立，是我们对空间表现学习的一个过程，以后在做方案的时候，经常要构思，要绘制草图。我们可以画如图1-30～图1-33所示的空间概括样图来练习，注意简洁，有些线条是多余的也没有关系。主要是练习后提升提炼能力，提笔就能勾画一些空间想法。

图1-30　空间概括思维训练　作者：邓文杰

图1-31　空间概括思维训练　作者：邓蒲兵

图 1-32　空间概括思维训练　作者：王姜

图 1-33　空间概括思维训练　作者：王姜

## 第七节　景观元素线稿表现

### 一、景观植物线稿表现

　　景观设计者必须具备手绘草图快速表达的能力，因为景观设计中的地形、植物、水体等都需要徒手表达，而且在收集素材、设计构思、推敲方案时也需要通过徒手绘制草图来表达设计构思，所以掌握徒手快速表现技法是景观设计者必须具备的一个基本的能力。

　　自然界中的树木千姿百态，有的颀长秀丽，有的伟岸挺拔，各具特色。各种树木的枝、干、冠构成以及分枝习性决定了各自的形态和特征。因此学画树时，首先应学会观察各种树木的形态、特征及各部分的关系，了解树木的外轮廓形状，整株树木的高宽比和干冠比，树冠的形状、疏密和质感，掌握动态落叶树的枝干结构，这些对树木的绘制是很有帮助的（图1-34）。初学者学画树可从临摹各种形态的树木图例开始，在临摹的过程中要做到手到、眼到、心到，学习和揣摩别人在树形概括、质感表现和光影处理等方面的方法和技巧，并将已学到的方法和技巧应用到临摹树木图片、照片或写生中去，通过反复实践学会自己进行合理地取舍、概括和处理。

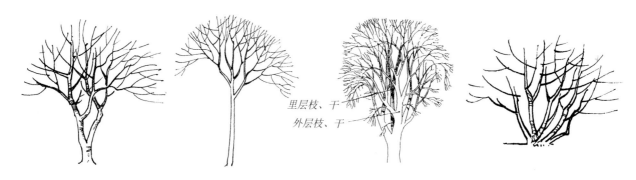

里层枝、干
外层枝、干

图 1-34　不同植物枝干的形态特征

　　植物作为景观中重要的配景元素，在园林设计中占的比例是非常大的，植物的表现是透视图中不可缺少的一部分。在景观设计中运用较为广泛的植物主要分为乔木、灌木、草本、棕榈科等。每一种植物的生长习性不同，造型各异，关键在于能够找到合适的方式去表达。

#### 1.乔木的表现

　　乔木一般分为五个部分：干、枝、叶、梢、根，从树的形态特征看有缠枝、分枝、细裂、节疤等，树叶有互生、对生的区别，了解这些基本的特征规律有利于我们快速地进行表现。画树先画树干，树干是构成整棵树木的框架，注重枝干的分枝习性，合理安排主干与次干的疏密布局安排。画枝干以冬季落叶乔木为佳，因为其结构和形态较明了。画枝干应注重枝和干的分枝习性。树干的分枝应讲究粗枝的安排、细枝的疏密以及整体的均衡。主干应讲究主次干和粗枝的布局安排，力求重心稳定、开合曲直得当，添加小枝后可使树木的形态栩栩如生(图1-35)。树干较粗时，可选用适当的线条表现其质感和明暗。质感的表现一般应根据树皮的裂纹而定，例如白桦横纹、柿树小块状、悬铃木大片状等。树皮粗糙的线条要粗放，光滑的要纤细。树干表面的节结、裂纹也可用来表现树干的质感。另外还应考虑树干的受光情况，把握明暗分布规律，将树干背光部分、大枝在主干上产生的落影以及树冠产生的光斑都表现出来。

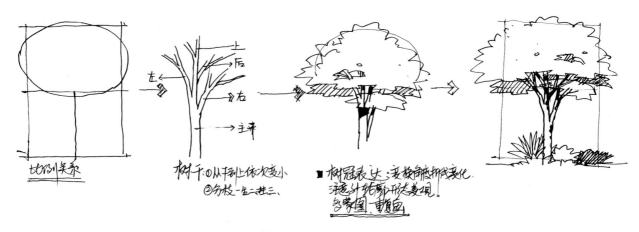

图 1-35　乔木的表现解析

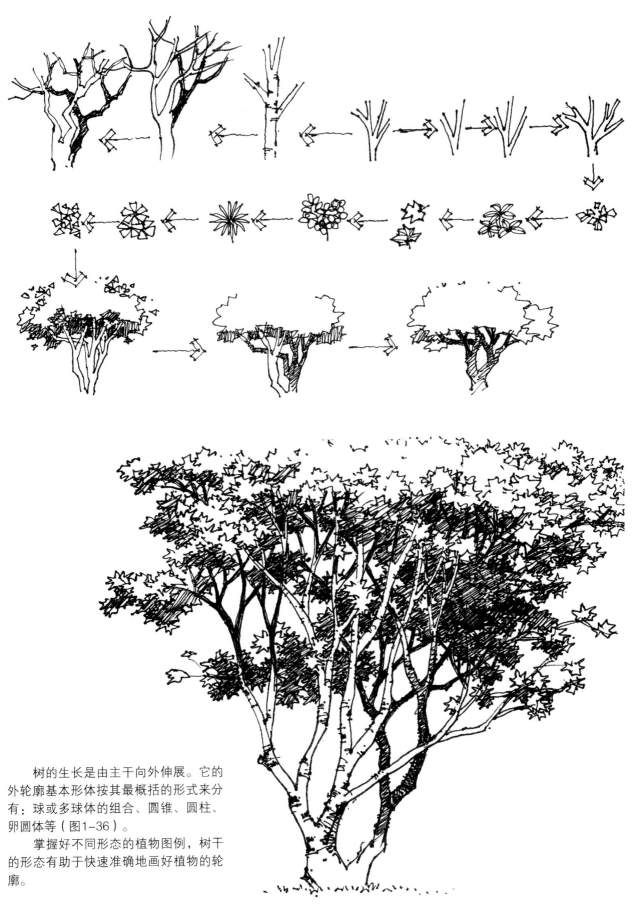

　　树的生长是由主干向外伸展。它的
外轮廓基本形体按其最概括的形式来分
有：球或多球体的组合、圆锥、圆柱、
卵圆体等（图1-36）。

　　掌握好不同形态的植物图例，树干
的形态有助于快速准确地画好植物的轮
廓。

图1-36　树木枝干的解析

树的体积感是由茂密的树叶所形成的。在光线的照射下，迎光的一面最亮，背光的一面则比较暗，里层的枝叶，由于处于阴影之中，所以最暗。自然界中的树木明暗要丰富得多，应概括为黑白灰三个层次关系。在手绘草图中，树木只作为配景，明暗不宜变化过多，不然喧宾夺主。

植物明暗的概括分析见图1-37。

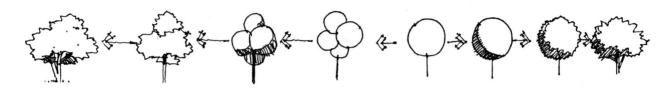

图1-37　植物明暗的概括分析

临摹和写生树木的一般步骤见图1-38：

(1)确定树木的高宽比，画出四边形外框，若外出写生则可伸直手臂，用笔目测出大约的高宽比和干冠比；

(2)略去所有细节，只将整株树木作为一个简洁的图形，抓住其主要特征修改轮廓，明确树木的枝干结构；

(3)分析树木的受光情况；

(4)最后，选用合适的线条去体现树冠的质感和体积感以及主干的质感和明暗，并用不同的方法和技巧去表现远景、中景、近景中的树木。

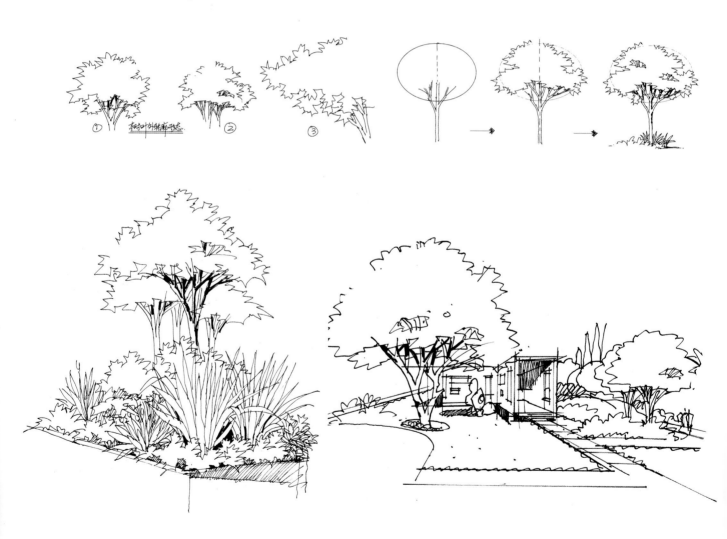

图1-38　树木的表现步骤

树木在画面中前景、中景、远景的表现区别见图1-39。

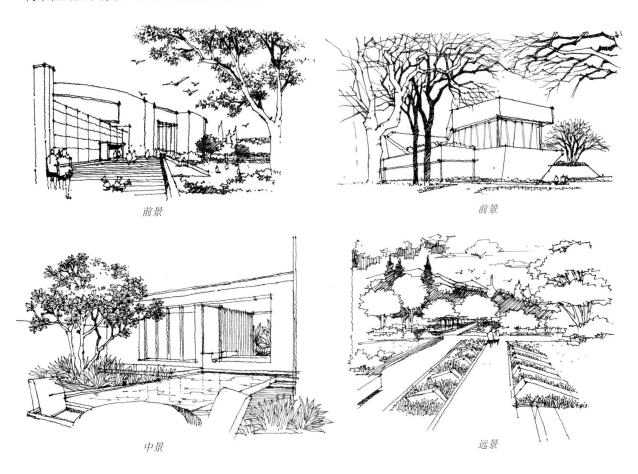

前景　　　　　　　　　　　　　　　前景

中景　　　　　　　　　　　　　　　远景

图 1-39　树木前景、中景、远景的表现区别

乔木的表现重难点：
（1）清楚地表现枝、干、根各自的转折关系。
（2）画枝干时注意上下多曲折，忌用单线。
（3）嫩叶、小树用笔可快速灵活，老树结构多，曲折线可表现其苍老感。
（4）树枝表现应有节奏美感，树分四枝，是指一棵树应该向前后左右四个方向伸展枝丫，这样才有立体感，只要懂得这个原理，即使只画两三枝也能够表达出树木的疏密感来（图1-40）。

图 1-40　树枝的节奏美感

（5）远景的树在刻画的时候一般采取概括的手法，表达出大的关系，体现出树的形体。

（6）前景的树一般在表现的时候突出形体概念，更多的时候画一半以完善构图收尾之用（图1-41）。

图1-41  前景植物表现形式

**2.灌木的表现**

灌木与乔木不同，其植株相对矮小，没有明显的主干，是呈丛生状态的树木。灌木一般可分为观花、观果、观枝干等几类，是矮小而丛生的木本植物。单株的灌木画法与乔木相同，只是没有明显的主干，而是近地处枝干丛生。灌木通常以片植为主，有自然式种植和规则式种植两种，其画法大同小异，注意疏密虚实的变化，进行分块，抓大关系，切忌琐碎（图1-42）。

图1-42  灌木的表现解析

### 3.修剪类植物的表现

修剪类植物主要体现在造型的几何化。在画这类植物时要注意一些细节处理，用笔排线略有变化，避免过于呆板，把握基本几何形体找准明暗交界线即可。画这类植物时应注意"近实远虚"，就是说靠后的枝条可以适当虚化，分出受光背光面。画树叶时从背光部开始画，先画深后画浅，最后画受光部（图1-43）。

图 1-43　修剪类植物表现

### 4.棕榈科植物的表现

直立性棕榈植物的叶片多聚生茎顶，形成独特的树冠，一般每长出一片新叶，就会有一片老叶自然脱落或枯干。

表现的要点：

(1)根据生长形态把基本骨架勾画出来，根据骨架的生长规律画出植物叶片的详细形态；

(2)在完成基本的骨架之后开始进行一些植物形态与细节的刻画；

(3)注意树冠与树枝之间的比例关系(图1-41～图1-49)。

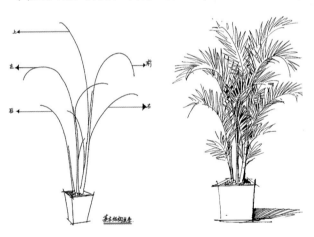

图 1-44　叶片生长规律和基本结构关系

图 1-45　叶片的穿插关系与不同方向的表现

图 1-46　不同叶片形态的棕榈科表现

图 1-47　棕榈表现解析

图 1-48　棕榈科植物小品表现　　　　　　　　　　图 1-49　快速草图中棕榈科植物的表现

### 5.花草及地被的表现

　　花草根据其生长规律，大致可以分为直立型、丛生型、攀缘型等几种。表现时应注意画大的轮廓以及边缘的处理，可若隐若现，边缘处理不可太呆板。若花草作为前景时则需要就其形态特征进行深入刻画，若作为远景则可以不用刻画得那么细致。而攀缘植物一般多应用于花坛或者花架上面，需要尽量表现出其长短不一的趣味性，同时注意植物对物体的遮挡关系（图1-50～图1-54）。

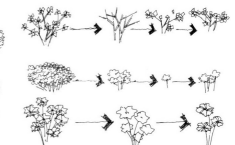

图 1-50　不同花草地被的细节形态

图 1-51　花草的生长规律和结构关系

图 1-52　花草收边的形式

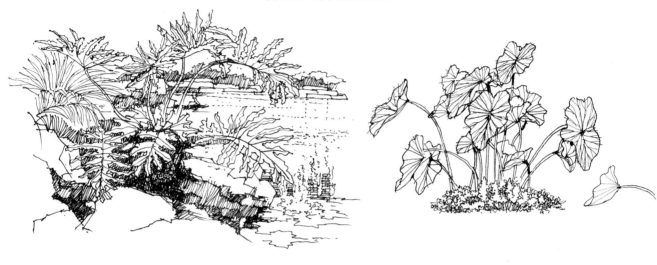

图 1-53　不同花草的表现

图 1-54　植物在景观表现中以收边的形式存在

## 二、景观山石线稿表现

总体来说，表现山石时用线要硬朗一些，但因其本身特征的不同也有一些区别。石头的亮面线条硬朗，运笔要快，线条的感觉坚韧。石头的暗面线条顿挫感较强，运笔较慢，线条较粗较重，有力透纸背之感。而同样在其边上的新石块边角比较锐利，故用笔硬朗随意(图1–55 ~ 图1–59)。

图1-55 石头的结构关系

图1-56 石头与植物的疏密对比                图1-57 石头的体块关系和前后对比

图1-58 太湖石表现                图1-59 注意石头的暗部排线要有规律和节奏感

### 三、景观水景线稿表现

"无水不成园"充分说明了水是园林的血脉，是生机所在。在景观设计手绘中我们简单地把水分成两类：静水和动水。所谓"滴水是点，流水是线，积水成面"，这句话概括了水的动态和画法。静水如同一面镜子，表现时适度注意倒影，并在水中略加些植物以活跃画面。动水是相对静水而言的，是指流速较快的水景，如叠水、瀑布、喷泉等水景。表现水的流动感时，用线宜流畅洒脱。在水流交接的地方可以表现水波的涟漪和水滴的飞溅，使画面更生动自然（图1-60～图1-67）。

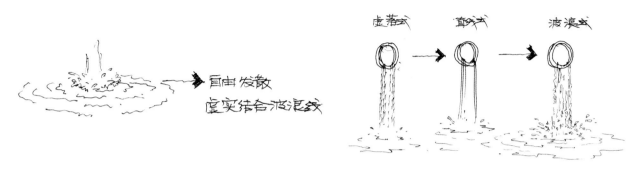

图 1-60　流水的不同特征

图 1-61　流水的表现

图 1-62　流水的表现

图 1-63　景观跌水的表现

图 1-64　景观跌水表现

图 1-65　静水和动水的区别

图 1-66　景观叠水的表现

图 1-67　景观叠水的表现

#### 四、景观照明线稿表现

　　景观照明通过对人们在城市景观各空间中的行为、心理状态的分析，结合景观特性和周边环境，把景观特有的形态和空间内涵在夜晚用灯光的形式表现出来，重塑景观的白日风范，以及在夜间独特的视觉效果。

　　景观照明大致可分为：道路景观照明、园林广场景观照明、建筑景观照明三类（图1-68、图1-69）。

　　意义：确保交通安全，提高交通运输效率，方便人们生活，美化城市环境。

图 1-68　落地景观照明

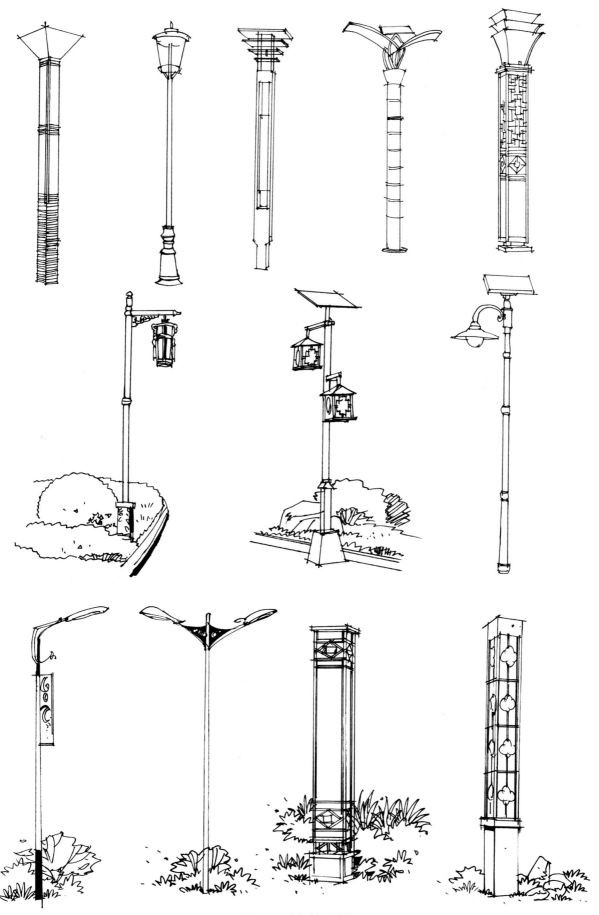

图 1-69　高架景观照明

**五、景观亭、廊架的线稿表现**

　　景观亭子和廊架是园林环境的重要组成部分，成为园林中不可或缺的要素，它与园林中其他要素一起构筑了园林的形象(图1-70~图1-73)。不同的园林景观所搭配的风格也要根据其整体风格来定。常见的亭子风格也是多种多样，有传统中式、现代中式、泰式、现代、欧式等等。

　　根据人体和平常的习惯来说，廊架一般在3.0~3.5m高即可，太高太矮都不太协调；亭子不同样式高度稍微有点区别，最好做3.5m以上。

图1-70　景观亭

图1-71　景观廊架

图 1-72 景观廊架

图 1-73 景观廊架

## 六、配景——人物、动物的线稿表现

表现图中的人物身长比例一般为8~10个头长,看上去较为利落、秀气。在画远处的人物时,可先从头开始,依次为上肢、躯干、下肢四个部分逐个刻画,注重大的关系与姿态,用笔干脆利落,不必细化。近处人物可以表现清晰一点(图1-74)。

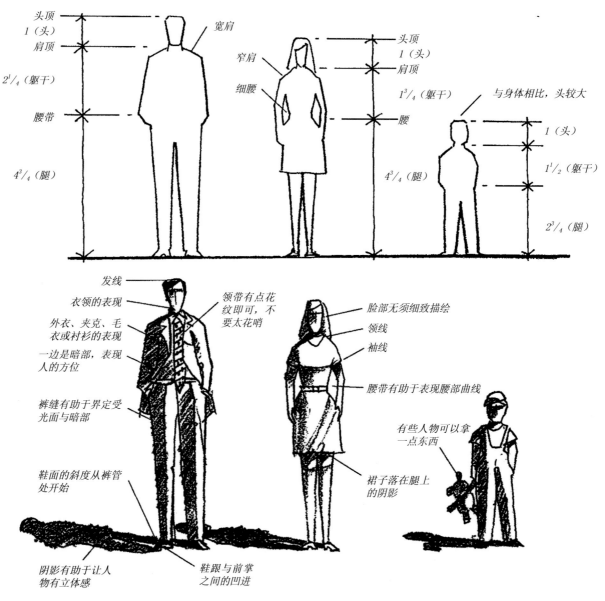

图 1-74  人物的比例关系和形态特征

### 1. 人物形象特征

(1)服装的不同类型、款式和色彩,可以表示出人的不同年龄段和层次(图1-75)。人物可以从呈长方形的躯干部分画起,把姿态不同的胳膊、腿、头放到躯十形体上,人物就形成了。再加上些衣物样式和附属物后,人物的特征就出来了,注意人物要尽量简化。

图 1-75  人物的不同形态

（2）前卫的年轻人——衣着大胆时尚，刻画时用笔要硬朗，上衣比例要短（图1-76）。

图 1-76　前卫的年轻人

（3）成功人士——一般搭配西装、皮箱和公文包出场，表现时体态较宽胖，常应用于办公楼、学校、街景等场景中（图1-77）。

图 1-77　成功人士

（4）标准的老年人——拐杖、驼背、宽肥的裤腿，两腿间距较宽，身旁常跟着小孩子，以增加其形象生动性，常用于小区景观等场景中。

（5）少女——体态修长、腰高腿长、马尾轻摆，一般刻画为淑女状、摩登女郎、风情女郎的形象（图1-78）。

（6）中年妇女——穿衣保守、传统，挎大包，两腿较粗，间距稍大。

图 1-78　少女

2.人物配景表现要点解析

（1）近景人物注意形体比例，可刻画表情神态，远景人物注意动态姿势（图1-79）。

（2）画面上较远位置出现的人群可省略细节刻画，保留外部轮廓。

（3）近处人物的刻画可参考时装人物画法，双腿修长。

（4）具体构图时，不要使人物处在同一直线上，否则画面会显得比较呆板。

（5）画众多人物时，一般将头部位置放在画面视平线高度，有真实感（图1-80）。

图 1-79　近景人物

图 1-80　景观空间中群体人物的表现

（6）男女的表现，除了在装饰上来区别，还可以通过调整人体各部分宽度、比例来区分。男性肩部宽阔，臀部较小，线条棱角分明；女性肩部较窄，胯与肩同宽，线条圆润（图1-81）。

图1-81 景观空间中男女不同形态的表现

### 七、配景——交通工具的线稿表现

设计图的目的在于表现出设计师的设计意图，因此通过交通工具配景来表现场景的氛围显得非常重要。

交通工具表现要点解析(图1-82、图1-83)：

（1）注意交通工具与环境、建筑物、人物的比例关系，增强真实感。

（2）画车时，以车轮直径的比例来确定车身的长度及整体比例关系。

（3）车的窗框、车灯、车门缝、把手以及倒影都要有所交代。

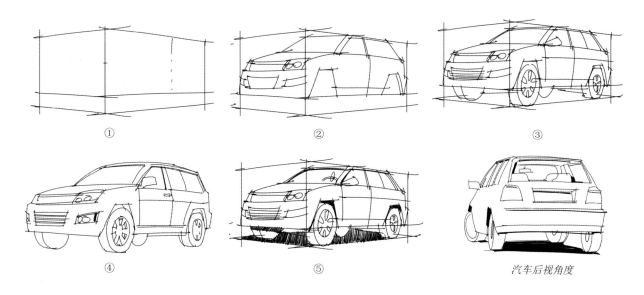

①　　　　　　　　　②　　　　　　　　　③

④　　　　　　　　　⑤　　　　　　　汽车后视角度

图 1-82　汽车步骤解析

图 1-83　汽车图例与景观空间中汽车的运用

#### 八、景观设计小品线稿表现

　　景观小品是景观中的点睛之笔，一般体量较小，对空间起点缀作用。小品既具有实用功能，又具有精神功能。景观小品包括建筑小品——雕塑、壁画、亭台、楼阁、牌坊等；生活设施小品——座椅、电话亭、邮箱、邮筒、垃圾桶等；道路设施小品——车站牌、街灯、防护栏、道路标志等（图1-84）。

图 1-84　不同类型景观小品表现

景观小景表现要点（图1-85~图1-89）
（1）注意常用的景观元素的处理手法，如草坪、乔木、景观墙、景观亭等。
（2）适当设置画面的投影，通过投影来统一画面的整体关系，用光影统一画面。
（3）通过疏密关系来强调画面的节奏感。

图 1-85　景观植物小景组合表现

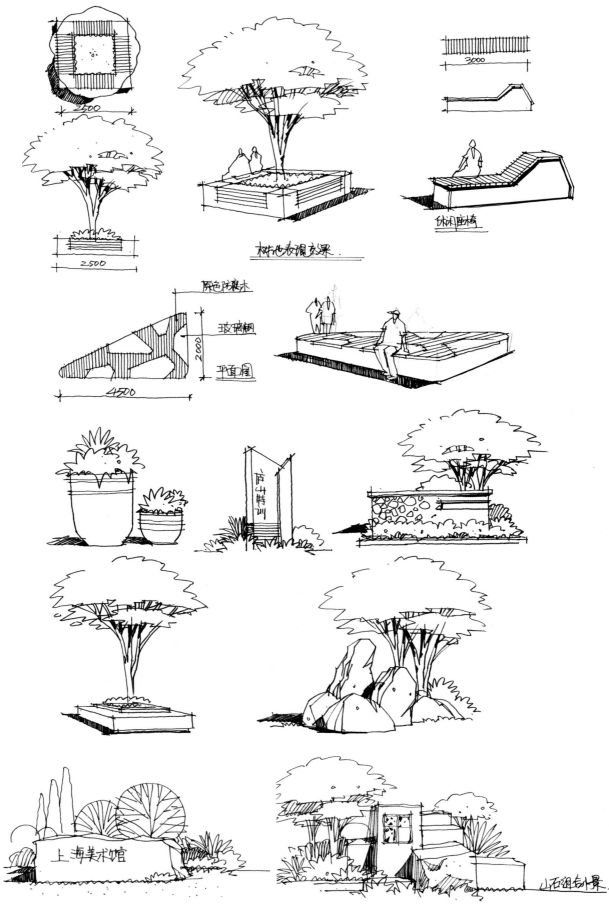

图 1-86　景观植物小景组合表现　作者：邓蒲兵

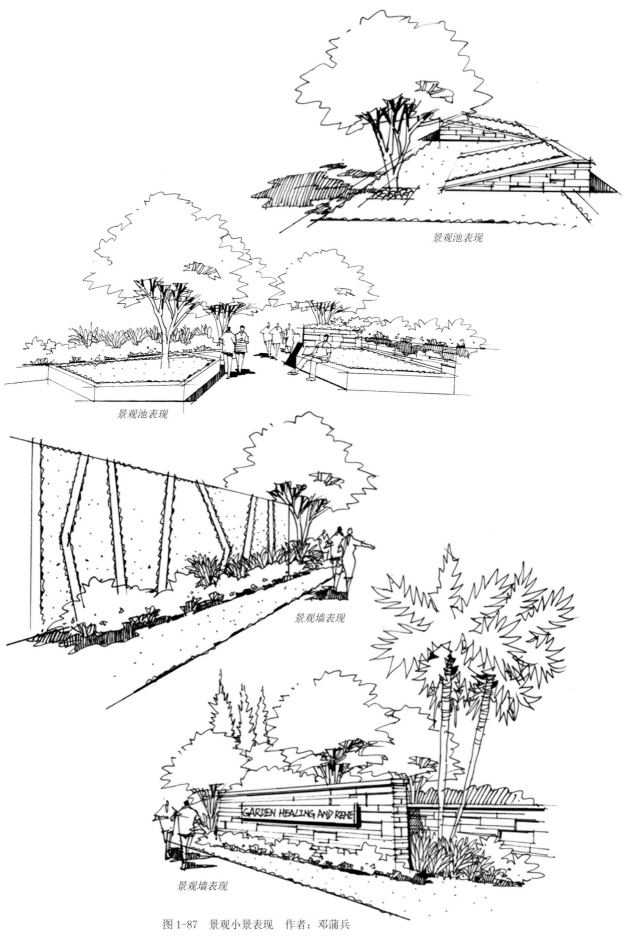

景观池表现

景观池表现

景观墙表现

景观墙表现

图 1-87 景观小景表现 作者：邓蒲兵

图 1-88　景观小品方案分析　作者：沙沛

图 1-89　景观小品线稿表现　作者：王姜

# The Second Chapter

## 透视原理与快速表现方法

# 第二章

　　透视原理和快速表现的学习是学习手绘的入门基础课程，透视的学习能让初学者快速掌握手绘图的基本要点，快速达到手绘草图的基本要求。一幅优秀的手绘效果图也称作透视图，由此可知图纸中透视是整幅图的根基和灵魂。首先需要了解和掌握透视的基本原理和规律，在本章我们将详细讲解透视规范和透视的运用以及透视图表现的步骤，在熟练掌握了透视的运用以后进而可以手绘一些草图来巩固透视和锻炼绘画者对空间的把握能力。草图是手绘快速表现的其中之一，快速表现可分为尺规快速表现和徒手快速表现。在本章节设有详细的快速表现的几种方法和表现的步骤。无论是草图还是效果图最终都是为方案而服务的，所以每一张图都要尽力体现出设计重点所在，突出所要表达的设计方案。所以根据平面图绘制手绘草图或效果图就变得尤为重要。所以本章对根据平、立面的方案绘制正确的透视图做了详尽的解析。

## 第一节　空间透视的形成与运用

　　透视简介：首先我们要了解什么是绘画透视学，我们这里所谈的"透视"是一种绘画术语，是根据物理学、光学、数学原理，特别是投影几何的原理运用到绘画中的专业技术理论。

　　在我们的日常生活中，所看到的物体及人物的形体，有大小、高低、远近、长短的不同，这就是因为距离和位置不一样，在人眼睛中所成的像就会不同，这种现象就是我们所说的透视。研究透视变化的基本规律和基本画法，以及如何应用在绘画写生和创作中的方法就叫作绘画透视学。

　　透视也可以理解成是采取通过一块透明的平面去看景物的方法，将所见景物准确描绘在这块平面上，即成为该景物的透视图。然后将在平面画幅上根据一定原理，用线条来显示物体的空间位置、轮廓和投影的科学称作透视图。设计手绘常见透视有一点透视（图2-1）、一点斜透视（图2-2）、两点透视（图2-3）和三点透视（图2-4）。

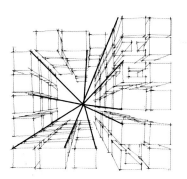

图 2-1　一点透视

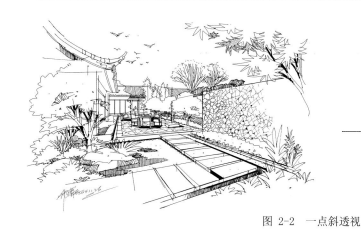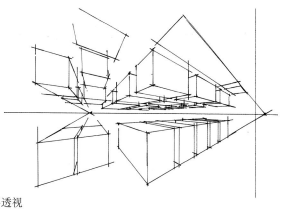

图 2-2　一点斜透视

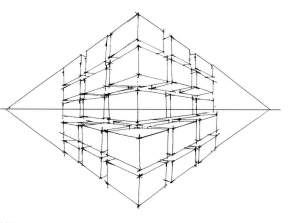

图 2-3　两点透视

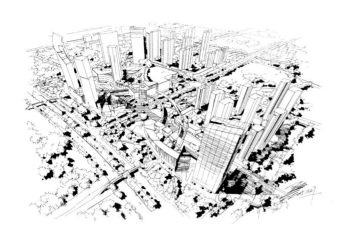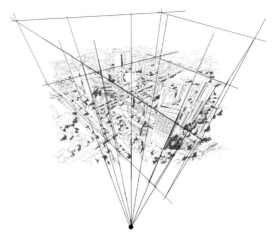

图 2-4 三点透视

## 第二节 一点透视原理与运用

近大远小、近实远虚、近高远低。

定义：当形体的一个主要面平行于画面，其他的面垂直于画面，斜线消失在一个点上所形成的透视称为一点透视。

特点：应用最多，容易接受。庄严、稳重，能够表现主要立面的真实比例关系，变形较小，适合表现大空间的纵深感。

缺点：透视画面容易呆板，形成对称构图，不够活泼。

注意事项：一点透视的消失点在视平线上稍稍偏移画面1/4~1/3为宜。在景观效果图表现中一般在整个画面靠下1/3左右位置（图2-5~图2-7）。

图 2-5 景观一点透视表现 作者：邓文杰

图 2-6　景观一点透视表现　作者：邓蒲兵

图 2-7　景观一点透视表现　作者：程翔军

**一点透视绘图步骤**

　　右图某庭院景观设计的节点平面，从A视角选择一点透视构图表现应先考虑整个空间的尺度、结构和层次，一点透视构图着重表现空间的纵深感（图2-8）。

参考平面

步骤一：首先对照空间时要注意画面的构图，确定是一点透视的空间。明确视平线 HL 的高度，确定消失点在画面左右的位置，然后在视平线上找到消失点。确定内框的大小位置、平面空间布置（此步骤关键在于控制空间的进深）

步骤二：将景观空间内的框架、结构和构筑物的高低关系确定下来，同时将周围环境的关系比例大致勾勒出来，用以观察整个图纸的构图节奏关系。
另外注意鹅卵石铺装的疏密关系，前面的画大一点，后面的慢慢变小最后远处留白，还要注意鹅卵石的遮挡关系，以及木栈道的横向木缝线也要注意近处的缝隙间距大、远处间距小一些

步骤三：构筑物的轮廓画出来以后将周围的植物配景加以完善，植物处理注意高低、前后的空间关系，以及廊架下方的休闲座椅也同步画出来，整个画面保持在干净整洁的状态，结构、比例、透视交代清楚即可

步骤四：在结构和比例的关系画准确以后，确定光源方向，开始添加明暗关系，以刻画构筑物和植物的体量关系，根据空间的远近处理好虚实关系，近处的场景可以适当刻画细节、材质特征，比如水池和卵石的刻画

图2-8　景观一点透视表现步骤解析　作者：王姜

## 第三节　两点透视原理与运用

近大远小、近实远虚、近高远低。

定义：当物体只有垂直视平线平行于画面，水平线倾斜聚焦于两个消失点时形成的透视，称为两点透视。

特点：画面灵活并富有变化，适合表现丰富、复杂的场景。

缺点：角度掌握不好，会形成一定的变形。

注意事项：两点透视也叫成角透视，它的运用范围较为普遍，因为有两个点消失在视平线上，消失点不宜定得太近，在景观效果图中视平线一般定在整个画面靠下的1/3左右的位置（图2-9）。

图2-9　景观两点透视表现　作者：邓文杰

**两点透视绘图步骤**

右图是某庭院景观设计的节点平面，从B视角选择两点透视构图应先考虑两点透视表达过程中空间设计元素之间的遮挡和穿插关系，保证空间设计元素能够很好地呈现，注重整个空间的尺度、结构和层次的把握，两点透视构图着重表现空间的层次（图2-10）。

参考平面

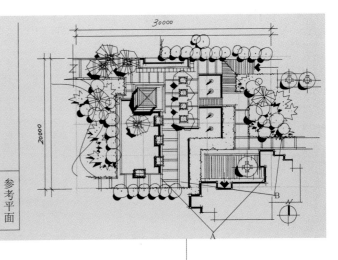

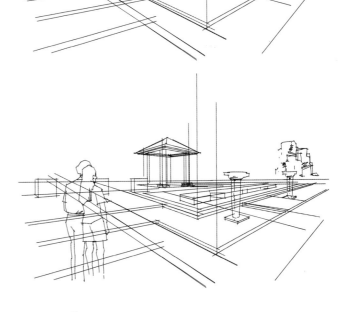

*步骤一：确定视平线在构图中的位置，并找好两端的消失点（消失点定在视平线上），并把主要的构筑物根据透视把位置和比例关系找出来*

*步骤二：在把握透视的基础之上把平面中的设计元素正确地布置在框架之内，空间里面其他的构筑物也要按照比例关系画上去*

*步骤三：在构筑物准确地绘制出来以后，开始布置植物配景和光影关系。植物配置的时候注意地被、灌木和乔木的高低层次关系，同时乔木的高低决定了景观中林冠线的节奏和韵律，是画面构图重要的组成部分*

步骤四：根据画面需要确定光源方向，增加画面阴影关系，体现出画面的体量感。刻画画面细节，如水纹、鹅卵石等，最后调整画面整体层次关系、空间氛围感，完成线稿绘制

图 2-10　景观两点透视表现步骤解析　作者：王姜

## 第四节　三点透视（鸟瞰）原理与运用

从广义上讲，鸟瞰图不仅包括视点在有限远处的中心投影透视图，还包括平行投影产生的轴测图以及多视点鸟瞰图。根据这一广义概念，平面图也具有鸟瞰图的性质，只是失去了高度的内容，若在平面图上绘制阴影，就会具有一定的鸟瞰感，这也是使平面图更加生动的一种方式。鸟瞰效果图，即用高视点透视法从高处某一点俯视地面起伏绘制成的立体图。高处鸟瞰制图区，比平面图更有真实感。视线与水平线有一俯角，图上各要素一般都根据透视投影规则来描绘，其特点为近大远小，近明远暗。体现一个或多个物体的形状、结构、空间、材质、色彩、环境以及物体间各种关系的画面（图2-11~图2-14）。

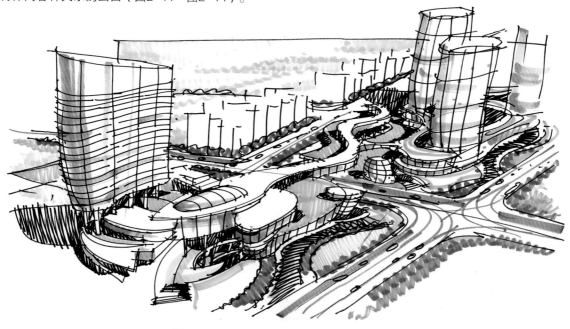

图 2-11　景观三点透视（鸟瞰）表现　作者：王珂

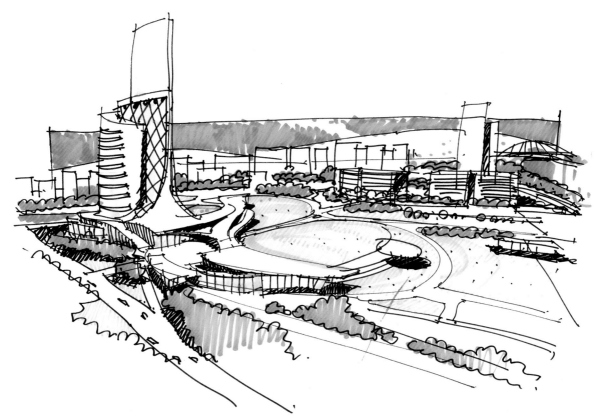

图 2-12　景观三点透视（鸟瞰）表现　作者：王珂

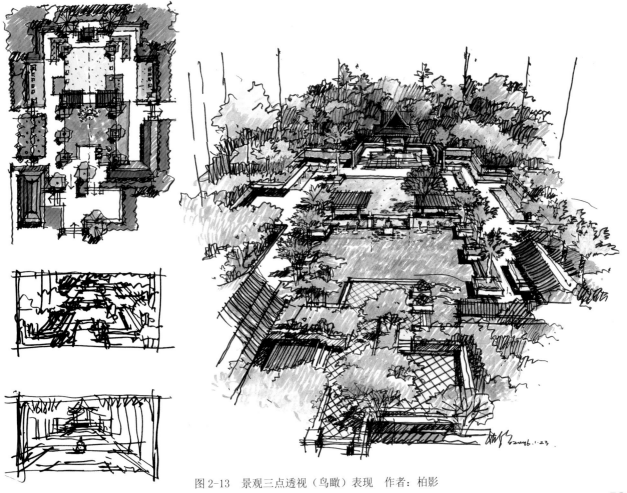

图 2-13　景观三点透视（鸟瞰）表现　作者：柏影

图 2-14　景观三点透视（鸟瞰）表现　作者：邓蒲兵

**鸟瞰表现步骤**

　　右图是某庭院景观设计的节点平面，从B视角选择三点透视构图（鸟瞰图）表现应先考虑整体的高差变化，为了避免空间设计元素之间的遮挡，鸟瞰图表达视角选择应从低到高，注重整个空间的尺度、结构和层次，鸟瞰图构图着重表现空间的地域、场地因素、空间层次（图2-15）。

参考平面

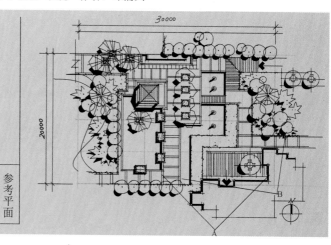

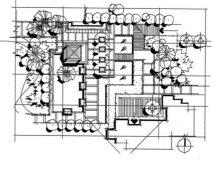

步骤一：拿到完整的设计平面图之后，先分析图纸，理解各个界面的关系，梳理清交通流线和高差结构。分析完图纸之后我们可以把图面划分为几等分，以便于我们更好地确定每一个设计元素的位置，如果图的体量较大我们可以多划分几个等分

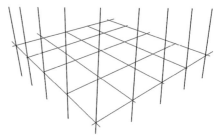

步骤二：将平面图合理等分之后，选择角度时最好以 45° 为俯视角度。选择好角度以后开始在纸上画出鸟瞰的框架，注意等分网格的长宽比例和近大远小的透视关系。确定鸟瞰框架后开始确定轴线，主轴线垂直于纸边，左右各分三根对称的线，注意要向外倾斜（三点透视：向下延长各个轴线会相交于一点），如果表现的场地面积较大，倾斜的角度也较大

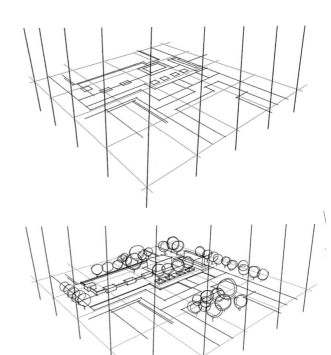

步骤三：按照平面等分图中每个构筑物和设计元素所占的面积比例大小画出鸟瞰的平面结构线

步骤四：画完平面结构后开始根据竖向轴线的倾斜角度画每个构筑物和设计元素的高度，用圆形先概括植物的位置、高度和体量，要注意空间比例尺度的把握和空间元素的穿插和遮挡关系

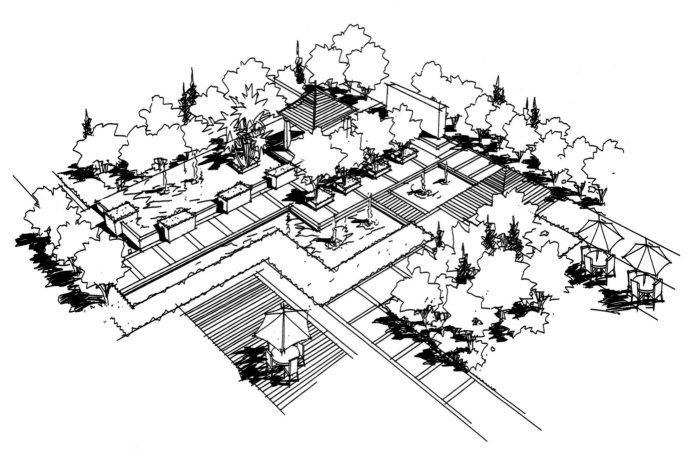

步骤五：之前的铅笔辅助线擦掉，调整画面的光影，强调空间结构，完成鸟瞰图线稿

图 2-15　景观三点透视（鸟瞰）表现步骤解析　作者：王姜

## 第五节　视点、视角及构图基本规律与技巧

1.统一与变化

园林构图的统一变化，常具体表现在对比与调和、韵律、主次与重点、联系与分隔等方面。

2.均衡与稳定

由于园林景物是由一定的体量和不同材料组成的实体，因而常常表现出不同的重量感，探讨均衡与稳定的原则是为了获得园林布局的完整和安全感。稳定是指园林布局的整体上下轻重的关系而言，而均衡是指园林布局中的部分与部分的相对关系，例如左与右、前与后的轻重关系等。

3.比例与尺度

园林绿地是由园林植物、园林建筑、园林道路场地、园林水体、山、石等组成，它们之间都有一定的比例与尺度关系。

比例包含两方面的意义：一方面是指园林景物、建筑整体或者它们的某个局部构件本身的长、宽、高之间的大小关系；另一方面是园林景物、建筑物整体与局部，或局部与局部之间空间形体、体量大小的关系。

尺度是景物、建筑物整体和局部构件与人或人所看见的某些特定标准的大小。

园林绿地构图的比例与尺度都要以使用功能和自然景观为依据。

园林的大小差异很大。承德避暑山庄、颐和园等皇家园林都是面积很大的园林，其中建筑物的规格也很大。而苏、杭、广东等私家园林，规模都比较小，建筑、景观常利用比例来突出以小见大的效果。

4.比拟联想

园林艺术不能直接描写或者刻画生活中的人物与事件的具体形象，运用比拟联想的手法显得更为重要。

5.空间组织

空间组织与园林绿地构图关系密切，空间有室内、室外之分，建筑设计多注意室内空间的组织，建筑群与园林绿地规划设计则多注意室外空间的渗透过渡。

园林绿地空间组织的目的是在满足使用功能的基础上，运用各种艺术构图的规律创造既突出主题，又富于变化的园林风景。其次是根据人的视觉特性创造良好的景物观赏条件，使一定的景物在一定的空间里获得良好的观赏效果，适当处理观赏点与景物的关系。

6.消失点的高低

视平线的高低直接决定了图纸视野的大小，图2-16为一般人体视角，这种视角可以看到近处构筑物的细节，和远景的物体形成鲜明的虚实对比，有较强的空间感，但是相对图2-17这种大角度鸟瞰图而言，视角有一些局限性，不能展示整个空间的设计。

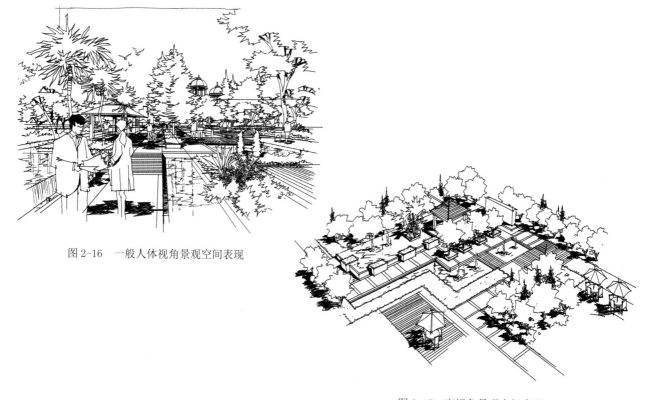

图2-16　一般人体视角景观空间表现

图2-17　高视角景观空间表现

写生构图处理:

(1) 首先我们需要确定主要景观的完整性,并在四周留有一定的可延伸空间作为配景来搭配协调的余地。

(2) 主要景观作为重点表达,要绘制出道路和构筑物的结构、材质等设计元素,强调主次、空间关系。

(3) 在主要景观绘制完成的基础上再根据图面的需要调整构图,构图主要考虑远景、中景、近景的层次关系、植物与构筑物形成的天际线的韵律与美感以及画面的收边处理(图2-18)。

写生图片或者绘制效果图时构图起到至关重要的作用,一幅优秀的手绘作品不仅仅依赖熟练的笔法,更重要的是前期对场景的分析和构图的思考,构思出草图以后,就可以很快地按照绘制透视图的步骤展开,最后绘制完成手绘景观空间。

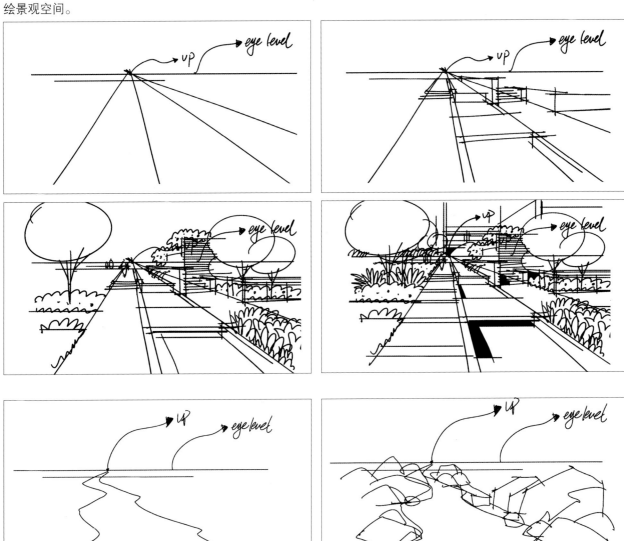

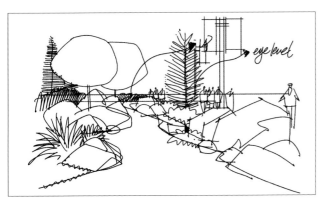

图 2-18 写生构图处理与步骤

　　处理画面有很多的讲究，比如虚实、远近关系，画面中心与边缘，色彩的跳跃与低调，平衡与留白。透视角度的选择，视点的高与低，线稿的弱化与色彩的弥补等。

　　图2-19是一个住宅小区的景观设计手绘表现图，图中完整、准确地交代了水景、汀步、道路和构筑物的关系，周围用松动的灌木和乔木来处理边缘，同时适当调整乔木的高低来营造富有韵律的林冠线和构筑物的衔接。

图2-19　景观手绘效果图写生图片表现　作者：沙沛

图2-20是一组自然景观的水景和山石的快速手绘表现，在考虑主要景观保持完整的前提下，开始用周围的配景来协调构图。前景的草本植物和石头留白用来构图收边，中景的水景和山石刻画比较丰富，突出主要景观，远景的建筑和周围的绿化、人物起到满足构图和交代环境的作用。

图 2-20　景观手绘效果图写生图片表现　作者：沙沛

### 第六节　透视空间快速表达方法解析

对设计师来说，手绘草图具有不可替代的作用，它是设计师表达方案构思的一种直观而生动的方式，也是方案从构思迈向现实的一个重要过程。手绘草图已成为设计师必备的专业技能，它不仅能准确地表达设计构思，还能反映设计师的艺术修养，创造个性和能力。

设计快速表现以快捷、简明的表达方式传递设计师的构思和创意，在当代设计界成为设计师最实用、最受欢迎、使用频率最高的一种表现手法。

一名优秀的设计师，不仅要有好的构思、创意，还需要通过一定的表现形式将其表达出来，构思要想被感知必须通过某种特定的载体转化，草图这一图解方式是表达设计创意与构思、捕捉记忆最直接和最有效的手段。草图从表现方法上可以分为手绘草图和电脑草图，手绘草图绘制速度快、线条优美自然，给人一种强烈的艺术感染力。这种人手绘出的不确定性线条和色彩很容易激发人们更多的想象力，从而有可能不断地产生新的创意。

1.手绘草图的重要性

（1）积累素材，培养设计师敏锐的设计感知力。

手绘草图是收集设计资料的好方法，它与照相机和书籍有很大的区别，设计师可以随时记下不同的形态、材质、色彩或是局部细节，有时也可以加以文字说明，将这样的资料整理成册就可以形成庞大的素材库，做设计时就能拓展思路、得心应手，否则设计就成了无源之水。而且在进行设计速写的过程中通过对形态、色彩的感受来重新塑造形象，可以全方位地提高观察能力、感受能力、造型能力、审美能力以及创造性思维能力。并且还有助于培养设计师敏锐的设计感知力，在绘制过程中将脑、手、眼三者结合在一起，脑中想到什么，手上能画什么，眼睛的感觉又反馈到脑中，大脑反复思维，将可视形象不断完善。因此，要想随心所欲地表达设计意图，必须具备快速造型的能力，即设计速写的能力，把眼睛看到的形象，准确、快速地记录下来。所以，平时多画一些速写非常必要，一方面可以提高自己快速造型的能力，另一方面在画的过程中也是一个不断熟悉、分析、理解结构形态的过程。

（2）表达设计师的设计构思。

亚里士多德曾说："心灵没有意象就永远不能思考。"心里的意象表达就是设计师手下流动的线条。美国建筑大师西萨·佩里也曾说过："建筑往往开始于纸上的一个铅笔记号，这个记号不单是对某个想法的记录，因为从这个时刻开始，它就开始影响到建筑的形成和构思的进一步发展。"一定要学会如何画草图，并善于把握草图发展过程中出现的一些可能触发灵感的线条。接下来，需要体验到草图与表现图在整个设计过程中的作用。最后必须掌握一切必要的设计和学会如何观察出设计草图向我们提供的种种良机。

草图是把设计构思转化为现实图形的有效手段，根据设计的不同阶段我们可以把草图分为构思草图和设计草图。构思草图一般使用铅笔、钢笔、针管笔、马克笔等简单的绘图工具徒手绘制，是一种广泛寻求未来设计方案可行性的有效方法，也是对设计师在造型设计中的思维过程的再现，它可以帮助设计师迅速地捕捉头脑中的设计灵感和思维路径，并把它转化成形态符号记录下来。

在设计初期，我们头脑中的设计构思是模糊的、零碎的、稍纵即逝的，当我们在某一瞬间产生了设计灵感，就必须马上在较短的时间内，尽量用简洁、清晰的线条通过手中的笔表现出来，快速记录下这些既不规则又不完美的形态。这个过程的手绘相对比较随意，可能是些草的小构图，或是些只能自己看懂的图解示意。待构思设计阶段完成后，再返回来修改这些未经梳理的方案。淘汰其中不可行的部分，把有价值的方案继续修改完善，直到自己满意为止。那些混乱的不规则的形态虽然不能直接形成完美的设计，但他们经常可以牵动设计师的联想，使设计师的思维不会固定于某一具体形态，这样就很容易产生新的形态和创意。如菲利普·斯塔克设计的著名榨汁机"沙利夫"，草图就是作者在一家餐馆就餐的过程中偶然勾画出来的，著名建筑师弗兰克·赖特的流水别墅也是在灵感闪动的寥寥几笔徒手草图的基础上深化发展而来的。

（3）体现设计师的艺术修养和美学追求。

设计草图是从构思草图中挑选出来的可以继续深入的、可行的设计方案，经过完善细节设计而来。设计草图直接关系到企业对设计方案的决策，一些好的设计构思和想法，有时候可能会由于草图的效果表现不够充分而不被企业采纳。因此，在设计草图阶段，设计师要注意画面效果和草图的艺术表现力。而且手绘更具人性化，是设计师以快速形式表达情感和个性、表达审美情趣和突发的种种意念的直接工具，一幅手绘设计作品往往建立在具有严格的造型艺术训练的基础上。还能体现设计师的文化修养，是设计师个人修养的底气所在，手绘表现具有多样性和随意性，通过手绘表现可以培养设计者的个人风格，提升自身素质，也是表达个人美学修养和美学追求的一种方式。作为一名成熟的设计师，其艺术风格或俊逸、或质朴、或宕拔、或清淡，无一是刻意追求的。

（4）与企业和同行交流的工具。

在设计过程中，整体功能布局、框架结构以及美学与人机工程学方面的可行性等，往往需要与企业决策层的领导进行交流沟通。设计师可以通过手绘来及时表达自己的想法，共同评价草图方案的可行性，以达成初步的设计意图，进一步完善自己的设计。而且设计工作方式常用于小组成员交流推敲设计方案时，手绘草图快捷直观的表现形式把个人想法迅速提供给小组以利于小组成员之间交流彼此的设计思路。

**2.线稿快速表现解析**

草图快速表现是设计师以最快的速度，用尽量简洁的手绘语言来表达设计师的创作意图或记录某些设计空间，是设计师积累设计元素与客户沟通表达的一项重要技能。草图的意义在于表达空间独有的特征和设计重点，所以绘制时要尽量放松，不要过于拘谨，也不需要画得太精细。草图满意再去绘制精细效果图表达。

快速草图表达可以分为徒手和尺规作图，意在快，不在工具。无论徒手还是尺规草图的表现后都需要参照前面所提到的透视、结构和比例以及光影关系的重要因素（图2-21）。

图2-21　景观徒手草图表现　作者：马晓晨

**3.徒手草图表现步骤（图2-22）**

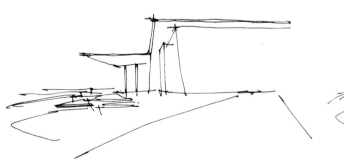

*步骤一：*按照透视勾勒出透视线和主要构筑物的比例关系，勾勒透视线的时候要参考视平线来确定构筑物的高度和道路的宽度，不要让比例明显失调，允许误差，但是不能出现明显的问题。

*步骤二：*在透视和比例、结构的问题把握好以后可以开始添加景观元素、小品和主要景观的光影关系以及景观小品的结构和光影

步骤三：结构线和小品都画完以后就可以根据主要景观开始调整构图和收边，同时对图纸的四个角落进行处理，让整个画面能整体地收在一起，调整好构图以后开始完善光影关系和画面的细节

图 2-22　景观徒手草图表现步骤解析　作者：马晓晨

**4.徒手精细线稿表现**

徒手精细线稿表现指的是不通过尺规展开的绘制精细的效果图过程，这种表现手法通常用慢线来表达，意在精、准，善于把握细节，切忌心浮气躁，尽量要交代清楚景观空间里面的构筑物和小品的结构和造型（图2-23～图2-25）。在开始绘制前需要胸有成竹，能大致地构思出整张图纸的比例、透视、疏密的节奏关系，才能以一个点开始延伸到四周的空间。

图 2-23　景观徒手精细线稿表现　作者：马晓晨

图 2-24　景观徒手精细线稿表现　作者：马晓晨

图 2-25　景观徒手精细线稿表现　作者：马晓晨

5.徒手精细线稿表现步骤（图2-26）

步骤一：把空间中主要构筑物的结构线绘制出来，同时
要明确视平线的高度和消失点的位置，在对大的空间有
掌握的情况下可以适当地画一些构筑物细节，从前景往
远景展开，但是要随时注意视平线的位置来判断后面物
体的高度和宽度

步骤二：根据前景慢慢往中景和远景推进，物体的落地
面一定不能高出视平线（有坡地除外），始终保持近景、
中景、远景的关系，让图纸充满远近的层次，使之有足
够的空间感

步骤三：中景和近景都画完以后可以开始绘制远景。远景保持概括、简洁的表达方式，不宜画得
太复杂。画完前景、中景、远景以后可以根据空间配上一些远景的建筑，用来烘托景观的环境。
建筑物也是要统一在远景里面，依然是用概括的手法处理，不要画太多细节，最后调整构图和刻
画光影关系即可

图2-26 景观徒手精细线稿表现步骤解析 作者：马晓晨

6.尺规快速线稿表现

对于手绘初学者而言，在不能很好地控制线条的情况下可以考虑先借助尺子来完成绘图，用尺规绘图同样能达到很好的手绘效果，也可以用这种方法去培养和锻炼设计师对空间尺度和比例关系的训练。在学习过程中不要对使用尺规带有偏见，在一般的正式效果图中很大一部分都是用尺规来绘制，才能更加精确绘制出景观中的细节。只有先熟练地掌握好尺规作图才能在把握大的空间效果的情况下再去绘制空间的光影和细节（图2-27、图2-28）

图2-27　景观尺规快速线稿表现　作者：邓蒲兵

图2-28　景观尺规快速线稿表现　作者：王姜

### 7.尺规快速线稿表现步骤（**图2-29**）

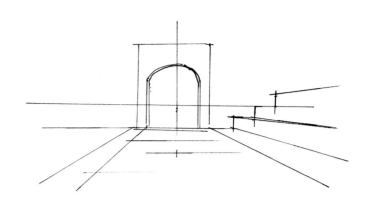

步骤一：用尺规按照透视关系快速地找出结构线，要预先构思好前景、中景和远景的关系，以及构筑物的比例关系和造型，先整体再局部。尺规制图也要注意线条的顿挫、两头重、中间轻、线条搭接交错出头等小技巧

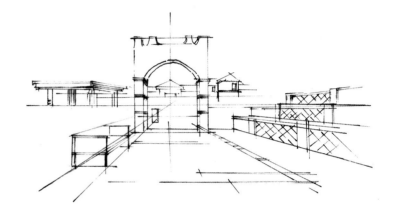

步骤二：按照透视勾勒出透视线和主要构筑物的比例关系，以及空间的结构关系，预先把空间的构筑物和景观元素包括挡土墙和景观门的细节初步完成，植物、配景和材质的刻画可以先不用画

步骤三：景观构筑物和小品的造型、结构和比例完成以后，根据主要景观配置上植物来调整整张图纸的构图和天际线的关系，让画面的节奏有比较美观的高低起伏，最后一步可以开始添加植物配景的光影关系和景观细节以及材质的表达，最终完成绘图

图2-29　景观尺规快速线稿表现步骤解析　作者：邓蒲兵

## 第七节 平面生成透视空间方法解析

在景观方案的设计工作中，在平面图、立面图的设计完成之后，下一步就是绘制效果图（即透视图）。根据平、立面设计图准确客观地绘制透视图是考验设计人员对空间的把控和理解能力，能直接反映出设计师的素养，也是一名优秀的设计师必备的技能。

在绘制前先要充分地分析平面图和立面图的设计意图和设计风格，进而展开对空间的绘制。

### 方法一：网格划分法

网格划分法指的是将平面图划分成若干网格，再把网格变成具有透视的网格，然后把平面图按照网格的划分，逐一放进透视网格里面，最后参考视平线绘制出高度即可（图2-30）。

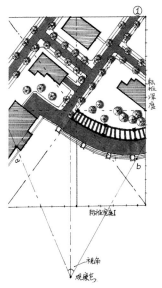

*步骤一：首先我们选定将要绘制的平面图部分，用矩形框定起来，并在矩形内画出米字格（或者九宫格）。选定视点（观察点），形成视角，视角适宜在60°左右。根据视点画出垂直矩形的视中线，并找到消失点*

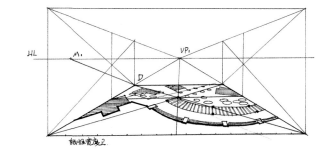

*步骤二：开始绘制透视图，在空白的纸上画出视平线和消失点，根据消失点画出平面图的矩形框架，在框架内绘制米字线，再根据具有透视的米字格的位置把预先绘制好米字格的平面图安置进来*

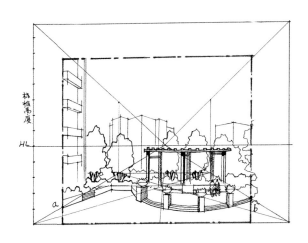

*步骤三：在把平面图安置在具有透视的空间里以后，根据视平线的高度作为参考绘制构筑物的结构和高度以及植物配景等，物体的高度都可以以视平线为参照来拟定*

*步骤四：在交代清楚空间关系、结构、材质之后开始刻画光影关系和调整构图，刻画光影关系是为了塑造构筑物的体量感和空间氛围的真实感，构图要考虑前景、中景和远景的关系*

图 2-30　景观网格划分法步骤解析

**方法二：常规尺规空间表现（图2-31）**

　　根据分析平面图的构成选定一个视野比较好的透视角度，同时找出主要结构和大的构筑物的体块。

　　常规尺规将平面转化成空间的方法需要有一定的手绘基础，对空间结构及透视要有一定把握能力。因为这种表现方法的空间构筑物的长、宽、高和进深都需要依靠比较准确的直觉来辅助绘图。对于初学者来讲比较难把握的是平面里面的各种体块的大小比例，这个问题我们需要理解视平线的作用（视平线的高度决定了物体的高度和宽度的定位）和运用。

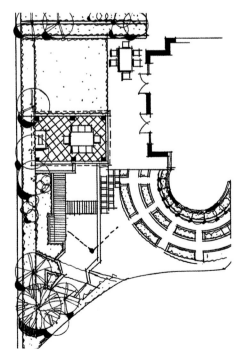

平面图推空间透视角度选择

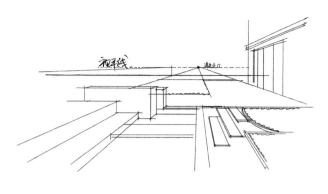

步骤一：根据预先选择好的视角，定好视平线和主要的透视方向线，物体的宽度要参考视平线的高度来画。把水池和木栈道以及阶梯的比例关系确定下来，物体的大小、前后和进深关系要确定好，比如台阶和木栈道的高低关系、水池造型的长短关系都要准确地表达出来。参考一点透视的原理（横平竖直，纵消失）来绘制结构线

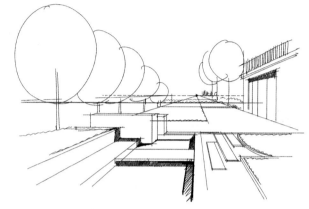

步骤二：将平面图转成透视平面图以后就可以开始把物体的高差表现出来，绘制物体高度的时候也要参照视高来画，图中视平线的高度约为1.5m，那么可以推算出其他所有物体的高度和在图纸上应该画多高

步骤三：准确画出构筑物的高度和植物搭配以后可以开始刻画构筑物的细节结构和植物的具体形态，并用光影关系去强调层次、明暗、疏密等结构关系

图 2-31 景观常规尺规空间表现步骤解析 作者：邓蒲兵

# The **Third** Chapter

## 色彩原理与着色技巧

## 第三章

　　马克笔属于快干、稳定性高的表现工具，有非常完整的色彩体系供设计师选择。由于马克笔的颜色比较固定，能够快速地表现出设计师所预想的效果，因此在设计中得以广泛运用。

## 第一节 色彩工具的介绍

上色工具有三类比较适用：马克笔、彩铅、水彩（图3-1）。

1.马克笔

马克笔也叫麦克笔，在市面上的品牌较多，有AD、法卡乐、卡卡、三福、touch、斯塔等，大部分是双头的，进口笔较多（图3-2）。

马克笔分为水性和油性，水性马克笔目前使用者较少，油性马克笔较为广泛。油性马克笔易干、耐水，而且耐光性相当好，颜色多次叠加不会伤纸，用起来比较柔和。水性马克笔颜色亮丽、青透，但多次叠加颜色后会变灰，而且容易伤纸。用蘸水的笔在上面直接涂抹，效果会跟水彩一样。有些水性马克笔干掉之后会耐水。买马克笔时，一定要知道马克笔的属性和画出来的感觉。马克笔在设计用品店就可以买到，而且只要打开盖子就可以画，不限纸张，各种素材都可以上色。

马克笔的颜色不要重叠太多，会使画面容易变脏。必要的时候可以少量重叠，以达到更丰富的色彩。太艳丽的颜色不要用太多，要注意调整画面，把画面统一起来。马克笔没有的颜色可以用彩铅补充，也可用彩铅来缓和笔触的跳跃，不过还是提倡强调笔触。

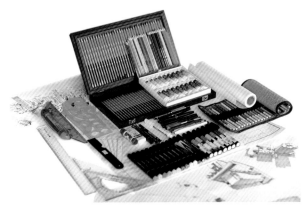

图 3-1

图 3-2

Q：初学者要如何选择马克笔呢？

A：有些酒精性马克笔质量很不错，颜色纯度高，但是价格偏贵。一般人如果买一套会比选择其他品牌的贵很多。

初学者可以考虑选择斯塔马克笔等，因为它有大小两头，水量饱满，颜色未干时可以叠加，颜色会自然融合衔接，有水彩效果。斯塔马克笔是近两年的新秀，是初学者常用的马克笔，而且价格便宜。

Q：马克笔的颜色很多，刚开始要用什么颜色比较好？

A：马克笔就算重复上色也不会混合，所以初学者最好要准备50色左右。其实，马克笔本来就是展现笔触的画材工具。不只是颜色，还有笔头的形状、平涂的形状、面积的大小，都可以展现不同的表现方法。为了能够自由地表现点线面，所以各类马克笔都要收集，刚开始用有两个笔头的马克笔相对容易上手。

2.彩色铅笔

彩色铅笔（俗称彩铅）分水溶性和蜡性两种。彩铅也是一种常用的效果图辅助表现工具，色彩齐全，刻画细节能力强，色彩细腻丰富，便于携带且容易掌握。尤其在表现画幅较小的效果图时非常方便，拿来即用。同时也解决了马克笔颜色不齐全的缺陷。建议初学者选择36色或48色水溶性彩铅（图3-3）。

3.水彩（图3-4）

一种是先用铅笔在纸上淡淡地画出整体空间的铅笔稿，然后再用水彩表现出画面的空间色彩关系。

另一种是用钢笔和淡墨画出整体空间的轮廓，然后再用水彩表现出画面的空间色彩关系。

图 3-3  彩色铅笔                                              图 3-4  水彩

## 第二节  马克笔着色技巧及解析

　　马克笔分水性和油性两种，常用的是油性，主要是通过线条的不断叠加来取得丰富的色彩变化。和其他表现工具不同的是：马克笔的颜色调和比较难，而且不易修改，所以画之前一定要构想空间和表现手法。马克笔的表现基本上是深色叠加浅色，否则浅色会将深色稀释，而使画面变脏。同色的马克笔每叠加一次画面色彩就会加重一级。马克笔几乎可以用于所有纸张，在不同纸张上面会产生不同的效果，可以根据不同的需要选择使用。

　　初学者可以制作一个色谱，可以快速地熟悉马克笔的色彩与笔号，利于在后期的学习中能够快速地进行表达，同时也能够熟悉马克笔色彩的分类形式与常用的颜色表达的内容（图3-5）。

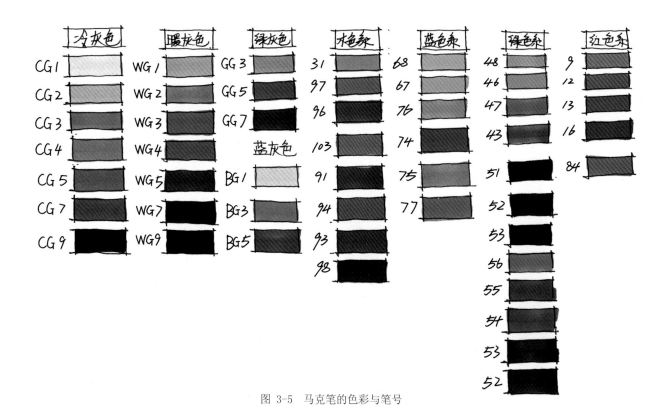

图 3-5  马克笔的色彩与笔号

1.马克笔笔触训练

初学马克笔的时候用笔是关键，也是使用马克笔的第一步，一般用笔讲究干脆利落。在用笔的过程中长直线是比较难掌握的，使用马克笔时要注意以下几点。

（1）起笔与收笔。开始和结束线条的时候用力要均匀，线条要干脆有力，不拖泥带水。

（2）运笔的时候手臂要带动手腕进行运笔，才能保证长直线条有力度。

（3）掌握正确的用笔姿势，笔触与纸面要完全接触，同时保证视线与纸面保持垂直的状态。

马克笔虽然有粗细之分，但是练习时都需要注意以上几点，才能画出干脆、有力的线条（图3-6）。

 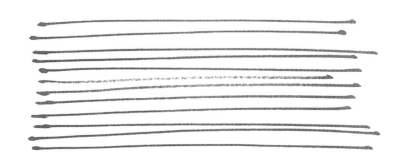

*粗直线*　　　　　　　　　　　　　　　　　　*细直线*

图 3-6　不同线条的排列

直线条是马克笔表现的基础，需要经过一定量的训练才能达到熟练的程度，干脆利索，才能够自如地控制用笔的力度，图3-7、图3-8为直线条在空间的运用。

 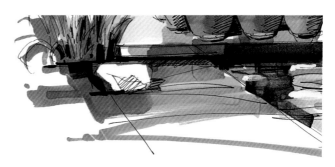

图 3-7　直线条在空间的运用　　　　　　　　　　　图 3-8　直线条在空间的运用

2.马克笔退晕表现技法

色彩逐渐变化的上色方法称为退晕。退晕可以是色相上的变化，比如从蓝色到绿色；也可以是色彩明度上的变化；可以是从浅到深的过渡变化；还可以是饱和度的变化。世界上很少有物体是均匀着色的。直射光、反射光都可以使色彩过渡，色彩过渡能使画面更加逼真、鲜艳。退晕可以用于表现画面中的微妙对比。马克笔色彩的渐变效果将退晕技法的运用表现得淋漓尽致，是进行虚实表现的一种最有效的方式。在马克笔表现中，会大量地运用到虚实过渡（图3-9）。

*色彩的渐变与过渡*

同色系的渐变关系

不同色系的渐变关系

图 3-9　马克笔退晕表现

#### 3.不同方向的笔触表现

不同方向的笔触相对比较自由随意，只需要小角度地变换方向去运用，无太多规律可循，关键还是在多练多用。

在表现植物的时候不同方向的笔触表现运用比较多，这样的笔触随意变化，可以产生非常丰富的画面效果，富有张力（图3-10）。通过对笔触角度的微调，树木枝叶会显得层次丰富。

图 3-10　不同方向笔触排列

#### 4.细笔触的运用

在景观快速表达中，植物的形态往往比较固定，很多时候我们会采用细的笔触来进行上色，这种方式往往利于控制植物的形体，而且也相对比较容易掌握（图3-11）。

图 3-11　不同方向笔触排列的运用

在这里，需要注意马克笔表现的一个基本规律：受光面上浅下深，背光面则刚好相反。这种过渡可以充分地表现虚实的变化，能够充分地表现出光影的效果，同时物体的材质也因为有了这种变化关系而使手绘表现图更加丰富精彩（图3-12）。

图 3-12　退晕在画面空间中的运用

### 5.马克笔体块与光影训练

光影是马克笔表现的一个重要元素。通过对体块的训练，掌握画面的黑白灰关系，有利于加深画者对画面体块与光影关系的理解，对在后期进行空间塑造也有很大帮助。在进行体块关系训练的时候要掌握黑、白、灰三个面的层次变化。

通过几何形体进行马克笔的光影与体块的训练，可以有效练习黑白灰与渐变关系（图3-13~图3-15）。

(1)要注意亮部的留白。

(2)亮部从下往上依次减弱。

(3)运笔要肯定，不要拖泥带水。

(4)颜色过渡要自然柔和。

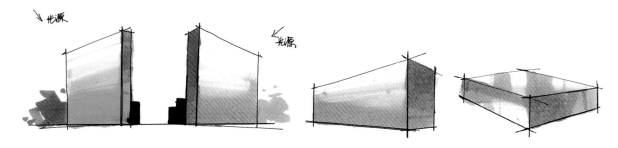

图 3-13  马克笔体块练习

图 3-14  马克笔体块练习

图 3-15  马克笔体块与光影的训练

6.马克笔色彩叠加技巧

（1）颜色的叠加。

一张手绘图不可能到处都是明亮的色彩，适当的灰色可以使画面更加鲜明有生机。如何使画面更好地叠加而不至弄脏画面呢?

马克笔叠加有两种形式：同色系叠加与不同色系叠加。第一种形式相对比较简单，可以表现一些简单的渐变效果，但是难以取得色彩的丰富变化。不同色系的相互叠加时画面效果会比较丰富，但是颜色叠加不均匀容易出现画面偏灰或不干净的效果。

同色系叠加的效果规律如下：

①选取3支不同明暗的马克笔，先用最浅的颜色垂直反复渲染几次以铺设基本色调，如图3-16a。

②在最浅的颜色干之前开始用深一点层次的马克笔进行第二次着色渲染2/3的面积，在颜色交界比较明显的地方用最浅的颜色过渡渲染几次让交叠线不那么明显，如图3-16b。

③在第二遍颜色干之前用下一种深色马克笔覆盖剩下部分的1/3的面积，如图3-16c所示保持深浅交界的地方不要太明显。最后可以形成比较柔和的色彩过渡关系，如图3-16d所示。如果需要更多的颜色可以重复以上步骤。

a   b   c   d

图3-16　马克笔同一种颜色的叠加效果

同一种颜色叠加颜色会变深。同一种颜色在每叠加一次都会适当地变深一点，一般叠加2~3次就基本上不会有太大的变化（图3-17）。

图3-17　马克笔同一种颜色的叠加效果

不同的颜色叠加时会产生新颜色，如蓝色与黄色叠加产生绿色，纯色与灰色叠加纯度会降低等，不同颜色叠加产生的一些颜色需要根据经验进行调配（图3-18~图3-20）。

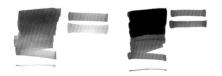 

*不同色系色彩叠加*    *纯色与灰色的色彩叠加*

图3-18　马克笔不同颜色叠加效果

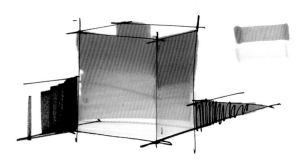 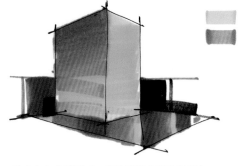

*不同色系色彩叠加时应有一种色彩为主体，另一种色彩为衬托才不至于出现脏的情况*  *纯色与灰色搭配时，能够降低色彩的明度与纯度，有效地起到协调色彩的作用*

图3-19　不同色系色彩叠加   图3-20　纯色与灰色搭配

（2）不同笔触的表现与空间运用。

一幅图中的物体表现如果全是明显的直线笔触，画面会显得比较凌乱，无整体性。明显的笔触只是丰富一下画面，使画面不至于太呆板。所以，有时候为了画面需要，会适当地保留一些笔触，在第一层马克笔颜色干透之后用同样的笔在目标区域上绘图就能达到相应的效果，当不是很明显的时候可以换一支颜色略深的马克笔绘制（图3-21）。

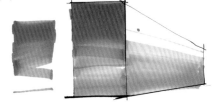 

线条排列应按照透视或物体的结构运笔
明显的笔触多用在物体的受光面
多利用一支笔的叠加产生丰富的效果

图 3-21 马克笔不同笔触的表现

利用同一支笔循环不重叠产生丰富的空间变化，亮面适当地保留部分笔触以丰富画面（图3-22）。

图 3-22 马克笔不同笔触在空间中的运用 作者：邓蒲兵

地面与空间进深的表现（图3-23）。

图 3-23 地面与空间进深的表现

横竖交叉的笔触需要表现出一些变化，并丰富画面的层次与效果。一般需要第一遍颜色干了之后再画第二遍，否则颜色容易溶在一起，不能体现出变化（图3-24）。

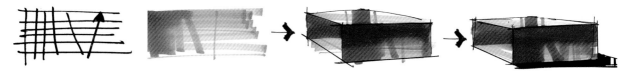

图 3-24　马克笔横竖交叉笔触的表现

7.马克笔与彩铅表现训练

马克笔与彩色铅笔结合表现可适当增加画面的色彩关系，丰富画面的色彩变化，加强物体的质感，但不宜大面积使用，否则容易造成画面腻。若以彩色铅笔表现为主，可以在彩色铅笔铺设完了整体的色彩关系之后，再运用马克笔适当加重。若以马克笔为主，可以在后期针对色彩不足的情况用彩色铅笔局部铺设一些色彩，协调画面的整体性（图3-25～图3-27）。

图 3-25　马克笔与彩铅相结合的笔触

图 3-26　彩色铅笔的运用

图 3-27　马克笔与彩铅在空间中的结合运用　作者：陈红卫

## 第三节　不同景观材质的表现

材料的质感与肌理虽然是一种视觉的印象，但是在表现图中却可以通过色彩与线条的虚实关系来体现。通过了解与归纳各种材料的特性，可以赋予各种材质以不同的图像特征。例如玻璃的通透性与反光的特点、金属材料强烈的反光与对比、凹凸不平的混凝土等都是材料的固有视觉语言。对材料质感与肌理特征的表达，关键在于抓住其固有特性，然后刻画其纹理特征以及环境反光等。

1.木材的表现

木质材料通常在室外运用得比较多，表面会涂上油漆或者做防腐染色处理，颜色会有各种不同的组合与种类，但是通常都会保留木材的基本纹理，所以木材的表现手法都是大同小异（图3-28）。

图 3-28　不同木材的表现

2.墙面石材的表现

石材是常用的景观建筑材料之一。常用于墙面、地面，从表现肌理来说，可以将其简单地分为毛面与抛光面两大类，两者特征差别比较大，毛面的石材只是夸大了表面的色彩，形体起伏比较大，形状大小不定。而经过抛光加工后的石材则表面平整光滑，反光明显（图3-29）。

毛石的基本表现方法：

（1）画之前确定毛石的基本色调，在基本色调中再去强调不同的色彩关系。

（2）确定明暗关系后，对起伏比较大的形体加以强调，以突出毛石的视觉特性。

图 3-29　墙面石材的表现

3.光滑石材的表现

光滑石材的特点在于反光比较强烈，有明显的镜面效果，而且受环境色的影响会比较大。图3-30在画之前考虑了反光与投影，先用固有颜色铺设整体的明暗关系，形成一个统一的色调。图3-31再添加垂直的投影与环境色彩之后，增强了光滑石材的质感，进而统一整个画面的色调。

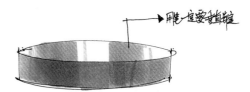

图 3-30　光滑石材的特性

图 3-31　光滑石材的表现

下面我们通过图3-32来体现材质的上色表现过程。

图 3-32　景观空间不同材质的表现　作者：沙沛

　　这个水池中的不锈钢盆和球体，其亮部很亮、暗部很暗。有些部位会反映一些水的冷光，或者其他的环境光，如球体的右侧面反光一些红色（图3-33）。

图 3-33　不锈钢盆与球体的表现

　　室外木地板，反光效果可能没有那么好。适当有些粗糙，受光的影响，上色不是很均匀，有些地方还可以用彩铅来过渡（图3-34）。

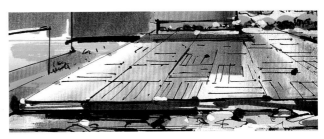

图 3-34　室外木地板的表现

　　不锈钢结构廊架，亮部受光面比较亮，所以可以用重色加重其投影（图3-35）。

图 3-35　不锈钢廊架的表现

图 3-36　石材的表现

石材的表现，这组石材中左边第一块石头受光，色彩较暖，暗部受地面的反光影响，也偏一些暖色。第二块相对其次一些。后面一块石材相对较冷，在背光面还可以加少量的冷色（图3-36）。

图 3-37　玻璃幕墙的表现

这面玻璃幕墙体反映的是外面树的影子，因为室内光线较暗的原因，玻璃颜色会变得更深。同时在这个深色里要适当地体现出一些绿色在其中。在这个玻璃幕墙的右下角，我们常常会勾画一些室内的东西，比如家具、人物的抽象形体等，体现出玻璃具有通透性（图3-37）。

图 3-38　玻璃墙的表现

这几块玻璃墙，因为背后是室外，光线很平均，所以通透性非常好。这样就要较清晰地画出背后的一些物体。同时有适量的反光效果，这里画了点红色以反映出对面的红色廊架（图3-38）。

## 第四节　景观设计元素着色表现

### 一、景观植物色彩表现

　　景观园林的植物大致可以分为三种：乔木、灌木、草本植物，这种分法主要是以植物的大小来区分。但有些植物会介于它们之间，棕榈科植物属于乔木，但有的也属于灌木或藤本棕榈科植物。除了乔木、灌木、草本植物，我们也把棕榈科植物单独列出来讲解（图3-39）。

图 3-39　景观植物色彩表现　　作者：邓蒲兵

### 1.乔木的表现

（1）根据乔木的生长习性，完成基本的形体刻画；

（2）从亮面开始着色，由浅到深完成整体色彩关系的铺设；

（3）加强植物的色彩对比同时对于植物的枝干、叶片进行深入刻画，调整完整的画面效果。

乔木马克笔表现步骤图见图3-40。

步骤一：植物组合注意乔木的前后关系

步骤二：先用浅色铺大色调，确定主色调

步骤三：前后植物的颜色注意冷暖关系

步骤四：完善画面，注意明暗关系，使空间的层次更加丰富

图 3-40　乔木上色步骤

不同乔木上色表现效果见图3-44。

图 3-41　不同乔木上色表现

2. 灌木的表现

（1）根据灌木的特点勾画出大概的形体，线稿阶段不宜刻画得过于深入，保持大概的形体关系即可；

（2）设置光线的来源方向，铺设亮面与暗面的色彩，亮面的色彩与暗面的色彩要有明确的明暗对比；

（3）当笔的颜色比较容易散开时，刻画的时候外轮廓适当放松一点，不宜画得太紧；

（4）调整画面整体色彩，协调画面关系，在亮面适当增加一点枝叶的细节，可以让画面更加生动。

灌木马克笔上色步骤见图3-42。

步骤一：线稿表现要注意植物和山石的层次关系及植物的疏密

步骤二：马克笔上色先用浅色把相同颜色植物铺上大色调

步骤三：前后左右的植物分别用不同颜色铺色，用以区分层次关系

步骤四：最后从整体着手加强明暗对比和细节刻画

图3-42  灌木上色步骤

不同灌木上色表现效果见图3-43。

图3-43  不同灌木上色表现

### 3.棕榈科植物的表现

棕榈科植物的表现步骤见图3-44。

步骤一：钢笔线稿注意植物的层次搭配和景观小品的疏密关系

步骤二：先找一支亮色的绿色来表现其光源的位置，即叶面的亮部

步骤三：找一支中间色调的笔对整体的灰面上色。一般来说，中间调占的面积较大

步骤四：加重色。找一支最重的绿色甚至是纯黑色来画最暗的位置

步骤五：再完善画面的配景，加上草地、配饰的植物等

图3-44 棕榈科植物上色步骤

不同棕榈科植物上色表现效果见图3-45。

图 3-45　不同棕榈科植物上色表现

图3-46是一组经典的组合表现图。乔木、灌木、草本、植被的表现全部融入画面中来了。

步骤一：上色之前，先找好几支不同色阶的绿色。先拿一支黄绿色，表现受光的植物位置，笔触可以放轻松些

步骤二：找一些中间色，在背光面画上一些灰调子（中间调）

87

步骤三：将中间调拓展到更多的地方，适当加一些重色作投影，加强画面的光感

步骤四：最后，要把画面统一起来，亮的地方可以用修正液提亮，再加强光影关系

图 3-46

## 二、景观山石水景着色表现

景观园林的设计中，山石、水景的表现有动静之分、有深有浅。我们在表现其材质、动静的时候，用笔要干脆，根据不同的石材，表现不同的色彩，最主要的是表现出石头的体块感（图3-47～图3-50）。水有深有浅，自然用色也有所考虑，选择不同色阶的马克笔，也要注意用笔的方向，要顺着物体走，比如画流水时，要注意流水的流向、速度、大小等。

图 3-47  不同景观山石上色表现   作者：邓蒲兵

图 3-48　不同景观山石上色表现　作者：郑昌辉

图 3-49　景观山石水景上色表现　作者：柏影

石材在上混色的时候要注意，不要上太多，太杂了会画脏，毕竟我们是在做设计表现，不是在写生，没有太多的必要画得很写实

图3-50　景观山石水景上色表现　作者：柏影

　　家通过一组山石水景的步骤图学习作者是从什么地方开始着手画线稿和上色的。上色的过程，每个人都不尽相同，但是都有规律可循，比如图3-51，作者从浅色开始，先画受光的部位，找出光源，再画背光的重色。最后做整体材质表现，统一画面。

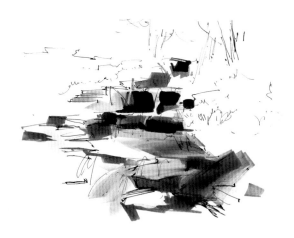

步骤一：线稿简单概括，只需分清山石、水体和植物的关系即可，再从山石开始着色

步骤二："石分三面"是画石头的基本方法，上色时注意把山石的体块感表现出来，通过植物完善画面的构图，设定画面的明暗关系

步骤三：从亮面的浅色调开始画，由远到近依次铺设整个画面的基本色调

步骤四：完善画面整体的色彩关系，对于叠水的刻画相对比较难处理，运笔要果断、快速，调整画面整体的色彩关系，加强明暗与光感的刻画

步骤五：最后通过灵活使用高光笔对亮面进行一些塑造，刻画流水细节，营造流水氛围，适当添加一些植物的枝杈，把握好流水在石头上的透视，协调好画面的整体效果，完成刻画

图 3-51 山石水景步骤图上色表现 作者：沙沛

## 三、景观照明色彩表现

现代灯具变化多样，不仅仅做装饰性照明，也越来越注重观赏性照明。在上色的时候要考虑其环境配色。大多数灯具是附加性质的上色，不做主流，上色会比较简单，只要分清明暗关系即可。甚至有时候会更加简单化（图3-52）。

高架照明

高架照明

落地照明

落地照明

高架照明

图 3-52　景观照明上色表现

#### 四、景观亭、廊架色彩表现

就上色的方法来说，大多数是要考虑突出其亭子与廊架，当然，如果不是主体表现部分，则可以简略概括。如果其在空间中作为主体部分，那么上色的时候，要注意色彩为主体色，周边环境与其融合。

1.景观亭色彩表现（图3-53、图3-54）

图3-53 景观亭 作者：王姜

图3-54 景观亭 作者：邓蒲兵

2.景观廊架色彩表现（图3-55～图3-60）

图 3-55　景观廊架　作者：王姜

图 3-56　景观廊架　作者：邓蒲兵

图 3-57 景观廊架 作者：谢宗涛

图 3-58 景观廊架 作者：杨健

图 3-59　景观廊架　作者：邓文杰

图 3-60　景观廊架　作者：程翔军

**五、天空着色表现**

天空的上色表现有很多种，这里举例了三种常用的景观表现方法：排线过渡法、色块平涂法、快速排线法。表现天空，最主要的是起背景衬托的作用，不宜过于花哨（图3-61～图3-64）。

排线过渡法：从一个方向到另外一个方向，从深到浅，整体受天光变化

图 3-61

色块平涂法：马克笔大色块地平涂，用笔不宜过于花哨，同时要心中有云，画一些云朵的感觉，背景就自然些。这种画法，水彩也是个很好的选择

图 3-62

快速排线法：这种画法，除了用马克笔表现，彩铅也是一个很好的选择。以画云而画云，线条要自由、奔放，可以活跃画面空间

图 3-63

彩铅画法：用天蓝色彩铅统一从一个角度和方向排列线条，从前往后画，前面重后面淡，并预留出云朵的形态

图 3-64

**六、配景——人物、动物色彩表现**

人物的上色，也是很简单的，不一定要像画时装画一样，面面俱到。选择一两个色块，加点明暗关系即可。景观人物在空间中应该是起到点缀、活跃画面的作用，动静结合的空间，让空间富有生命（图3-65）。

注意：在选择人物的颜色时，要根据画面的整体颜色来调控。不要过于抢了画面，也不宜太花哨（图3-66）。

图 3-65　人物的上色表现

图 3-66　人物在画面空间中的表现

　　小区及商业性的景观人物可以是丰富多彩的，上色也要色彩斑斓。体现空间的热闹与繁荣。越是远的人物，越是上色简单，而近处的明暗关系要加强，比如投影可以加强（图3-67）。

图 3-67　商业景观中人物的表现

## 七、汽车着色表现

　　汽车在景观设计空间表达上是一个重要的表现元素。

　　先来了解一下汽车的特点：一般轿车的尺寸为3.6m（长）×1.5m（宽）×1.3m（高）以上。在景观手绘表现中汽车不要画得太细，注意将它的骨架结构画准确就行（图3-68）。

图 3-68　汽车的上色表现

　　如果是作为主要的物体效果图表现，可以尝试画得更精致。不过，我们平时可以画细一点，对于以后画简略的，会变得更容易一些（图3-69）。

图 3-69　汽车在景观空间中作为主体的表现

　　这些是空间里的汽车截图，空间中的草图表现其实就是可以这么简单，上色也就几笔。难点在于它的透视表达和结构的理解（图3-70）。

图 3-70   景观快速草图中汽车的表现

## 第五节   不同类型空间的表现步骤图

本章讲解不同空间类型的效果图表现技法与步骤，有一些只是简单的设计想法图示，耗费时间较短；有一些则需要花比较长的时间精细绘制，以供展示之用。

事先熟悉工作流程对于成功绘制一幅效果图，对设计师来说都是很有帮助的。工作流程包括怎样来准备一幅线稿，如何通过考虑画面的色调与材质、线稿的复印与扫描存档，选择什么样的纸张来绘制比较合适等。这里重点介绍不同空间的绘制要点与步骤。

1.线稿的绘制

线稿是效果图绘制的基础，好的效果图基础在线稿绘制阶段就已经打下，所以线稿的绘制很重要。线稿绘制的要点在前面已讲述过，要求透视准确、比例尺度协调、虚实与疏密关系得当，在此不再重述。是彩色草图还是彩色展示图，在初期就应该明确。一般来说设计初期的草图比较简单，只需要传递出准确的设计构思即可，不需要花太多的时间。如果想让自己的效果图更具有视觉感染力，则要考虑如构图、布局、比例、节奏、氛围等多方面因素，这些考虑对于绘制用于展示的效果图来说非常重要。

一幅好的效果图要区分出前景、中景和远景三个层次，前景与远处的物体会递增展开，并且彼此不会遮挡。要创造出空间层次感，设计师需要选择自己的视野，想象自己处于平面图所要描绘的场景里，在脑海中安排、构思和计划表达的对象。一般来说，将一些前景元素表现出来，有助于形成画面的视觉感染力，这些元素可以是建筑、人物和植物等。

2.马克笔上色

根据前期拟定的色调，选择合适的马克笔就开始进行着色。初学者上色时，可以参考以下技巧。

（1）先铺大面积的颜色，用马克笔将图中基本的明暗色调画出来。

（2）在运笔过程中，用笔的次数不宜过多，而且要准确、快速。如果下笔速度过慢会使色彩加重而使画面浑浊，失去马克笔明亮、透明和干净的特点。

（3）用马克笔表现时，笔触多以排线、扫线为主。有规律组织线条的方向和疏密，有利于形成统一的画面风格。

（4）油性马克笔具有较强的覆盖力，但浅色无法覆盖深色。所以，在上色的过程中，应该先上浅色、底色，然后覆盖以较深的颜色，并且要注意色彩之间的相互协调，谨慎使用过于鲜亮的颜色，以中性色调为宜。

了解了这些基本步骤和知识，读者就可以通过下面几个不同景观空间的绘制过程对上述注意事项和实际绘制步骤有所了解。

居住区景观马克笔表现解析

　　该居住区景观图片为标准的一点透视空间，包括入口景观铺装与草坪的结合设计、喷泉水景的设计，在表现的时候要注意整体空间氛围的营造（图3-71）。

参考原图

步骤一：线稿表现需要注意构图、透视、比例和结构的刻画，再进行光影和细节的表达，让这个空间完整清晰地表达出来。一张手绘作品的优秀程度很大一部分取决于前期线稿的表现，线稿是整个图纸的骨架，它包含了透视、比例、结构、材质、光影、形体等至关重要的手绘因素，所以前期线稿的刻画要做到尽可能完整

步骤二：在线稿刻画比较完整的情况下，先用颜色较浅的马克笔铺大色调，确定植物、水景和硬质铺装的固有色。同时还要注意前后的空间虚实关系和光影的明暗关系，明确区分出亮面、暗面和灰面的关系，也需要把握住整个空间的色调和氛围

步骤三：在大色调把握的统一的基础之上，开始着手去加强亮部和暗部的对比和色彩冷暖关系，光影关系依然要保持顶面亮、侧面灰、背光面暗的节奏，暗部可以适当添加一些稍浅的冷色，以突出亮部和暗部的冷暖色彩关系。对于植物的表达也要参考光源表达出明暗、冷暖的层次

步骤四：对整个画面的调整过程，主要从空间的细节、构筑物的材质、结构下的光影去考虑，可以先用钢笔、高光笔和彩色铅笔等工具去刻画前面跌水的细节以及水体的材质。最后根据自己的画面依据个人美感来整体调整画面，强调空间的虚实，加强进深感即可

图 3-71　居住区景观马克笔表现步骤　作者：王姜

**广场景观马克笔表现解析**

这是一个商业广场休闲景观，设计元素多为不规则形体自由放置在空间，需要用到多点透视，所以表现起来会比普通透视场景复杂。

多点透视要点：在平面图中，每一组相互平行的结构线都会有各自的消失点，但是每个消失点都会落在视平线上（图3-72）。

参考原图

步骤一：先按照多点透视的原理初步完成景观中座椅、小品、树池的透视线稿图，继而用乔木来调整构图和天际线的韵律感，局部用马克笔加重，形成空间的点线面构成感，加强整个线稿的虚实对比。在压黑色的时候需要注意不要画得过多，思考之后画在准确的位置

步骤二：准确绘制完线稿之后，再开始铺设大色调，对植物和建筑楼体以及其他景观构筑物的固有色开始着色。注意前后植物在用色的时候色相、明度和纯度上要有区分，以画出它的前后关系。因为植物所占据的面积比较大，所以植物的颜色就奠定了整个图纸的色调关系。植物的着色要注意远处和近处的乔木分别用不同纯度的马克笔表现，远处整体处理并色调偏冷灰，近处刻画细致并色彩饱和度偏高

步骤三：在把握整个画面统一协调的前提下可适当强调暗部和刻画近景的树池、座椅和草坪的细节。为了让空间显得轻松明快，硬质铺装尽量留白或用浅灰色表达。整个空间感的处理要注意近实远虚，近处对比强，远处对比弱的原理

步骤四：继续丰富画面，根据整个空间的色调和氛围去刻画人物。用钢笔、高光笔和彩色铅笔等工具去刻画细节、材质。最后整体调整画面，强调空间的虚实，加强进深感。

难点：广场中的乔木和远景的植物自然衔接、融合统一在一个层次，又能区分前后关系，需要考虑色彩的明暗和纯度对比调整

图3-72 广场景观马克笔表现步骤 作者：邓蒲兵

**公园景观马克笔表现解析**

    图中是公园园林的一处跌水景观，景观中设有四角亭、景观墙、亲水平台、种植池、跌水等景观元素。是对综合材质和形体表现的一个很好的样本，同时因为图片为局部小景，需要靠后期拓展空间使得作品更具空间纵深感（图3-73）。

参考原图

*步骤一：用钢笔勾勒出画面整体的结构比例和透视关系，保证主要景观（图片中可见的景观元素）的完整性，以主要景观为中心向周围展开想象，比如前景平台的铺装和右侧的道路，这样不仅交代清楚了主要的景观也同时大致交代了景观所在的环境。因为后期要用马克笔着色所以只需大致刻画环境中各物体的形态位置*

*步骤二：从整体入手，铺出各物体的固有色，注意留有余地，不要铺得过满或颜色太深。整体着色注意构筑物上色要严谨一些，要明确光影和形体关系，植物的表现可以适当放松。*
*难点：对于初学者来讲植物在没有具体形体辅助的情况下用马克笔去着色会略显吃力。可以通过反复的练习和临摹来寻找规律，从而熟练掌握该技法*

步骤三：结合形体丰富画面色彩的变化，点缀个别人物配景，同时用线稿加强物体的形体刻画。深入时要特别注意形体的塑造，保证每个形体都规范完整，不要让形体都粘到一起分不开，特别是构筑物和植物的关系要处理得当

步骤四：整体调节画面的时候，要反复检查物体的形体和结构两个方面，以及植物与构筑物之间的层次遮挡关系。色彩方面要注意冷暖、纯度的对比关系。加深细节刻画，可用彩铅来过渡画面的色彩衔接，并用修正液为高光区加"点睛之笔"

图 3-73 公园景观马克笔表现步骤 作者：沙沛

**商业区景观马克笔表现解析**

　　该图为商业区景观设计，整体景观围绕建筑来营造，在表现的时候要注意鸟瞰透视的氛围表达，建筑表现不宜刻画太深入，要协调好建筑与景观的统一关系（图3-74）。

参考原图

步骤一：根据规划区域建筑造型和场地因素，完成规划区域鸟瞰线稿。线稿绘制过程中，注意场地体量关系和空间结构层次，清晰明了即可，规划设计手绘表达的重点是突出表达建筑位置、交通路网和功能分区，其配景当弱化

步骤二：从我们表达的主体元素和主要配景植物开始上色，第一遍色彩以固有色为主，注意留白。第一遍固有色画完之后，用和固有色相同色相的灰色加强建筑群的明暗对比，注意近实远虚

步骤三：加强整体空间的明暗
对比度，调整近实远虚的关系。
然后调整配景植物的色彩关系，
可以用灰色或蓝色等色彩对较
艳的绿色进行调和

步骤四：完成所有空间设计元素的色彩表达，调整空间环境色、明暗、空间主次等关系，最终完成

图 3-74　商业区景观马克笔表现步骤　作者：王姜

107

**工业遗址改造景观马克笔表现解析**

　　该图为意大利都灵工业遗址改建公园节点快速草图表达。快速草图的表达需要简洁明了，简单快速地表达设计元素的结构层次以及尺度，颜色多以固有色为主（图3-75）。

参考原图

步骤一：线稿需要注意尺度的把握，植物表达外轮廓即可，重要结构需要运用重色衬托，表达过程中注意近实远虚

步骤二：线稿完成之后，开始着色，首先表达近处的草坪植物的固有色和背景天空，天空的处理要简练，天空由"蓝天"和"白云"组成，用浅蓝色大笔触刻画蓝天，刻画蓝天的时候要思考白云的形体

步骤三：对画面中心的空间结构进行表达，概括处理，用CG1和WG1号马克笔刻画暗面，亮面留白

步骤四：完成所有空间设计结构、元素的色彩，用深灰色调整整体的素描关系，最终完成

图3-75　工业遗址改造景观马克笔表现步骤　作者：邓蒲兵

**办公区景观马克笔表现解析**
　　该图为万科企业公馆景观设计项目节点快速草图表达。保证快速简单的表达手法正确地表达设计元素的结构层次以及尺度，颜色多简单明了，能突出空间氛围即可（图3-76）。

参考原图

*步骤一：线稿需要注意空间体量、尺度的把握，大面积建筑投影需要注意其形状，重要结构需要运用重色衬托，表达过程中注意近实远虚*

*步骤二：线稿完成之后，开始着色，从草皮植物开始表达，受光部分和阴影部分的草皮应有色彩区分*

步骤三：完成背景天空的处理，由于表达内容结构丰富，天空需弱化处理，浅蓝色平涂即可，人物的色彩需要平衡空间整体的空间氛围

步骤四：完成所有空间设计结构、元素的色彩，背光面灰色平铺，受光面大胆留白，再用深灰色调整整体的素描关系，最终完成

图 3-76　办公区景观马克笔表现步骤　作者：邓蒲兵

# The **Fourth** Chapter

## 景 观 图 纸 表 现 要 点 解 析

# 第四章

　　景观图纸表现主要从设计方案的分析图展开阐述。分析图通常用简化了的符号简单明了地表达设计意图，直接地传达设计的总体思路，具有一目了然的特点。分析图绘制的原则是尽可能醒目、清晰、直观地将设计简化，用符号化的语言呈现，图幅不宜大，以免显得空洞。通常用马克笔直接绘制，用色宜选择饱和度高、色彩鲜艳、对比强烈的颜色。分析图根据设计作品的特征和作者传达意图的不同具有不同的类型。景观规划设计当中最常见的分析图主要包括：功能分区图、交通分析图、道路分析图、结构分析图、植物分析图等。本章节利用一些实际的案例展开分析讲解。

## 第一节　景观平面元素表现

### 一、园林设计基础制图知识

　　景观设计制图是设计中基本的表达语言，也是园林行业的基本要领，理解与掌握好尺规制图标准能够更为准确地表达设计空间尺寸，保证设计质量，提高设计工作与施工图制作效率。

　　在尺规制图中我们常用到的工具包括尺类，如比例尺、直尺、圆模板、曲线板、圆规等；笔类，如针管笔、水性双头笔、草图笔、钢笔等；纸类，如草图纸、硫酸纸等。对于大多数工具大家都相对熟悉，在这里我们介绍下比例尺的应用。

　　**1.比例尺**

　　比例尺是我们用来衡量实际尺寸等比例换算成图上尺寸的理想手绘制图工具。比例尺为图上距离与实际距离之比，值越大比例就越大。相同物体用不同比例绘制时，比例越大，图上的尺寸就越大。当按 1∶1 绘制时，图上所画尺寸与原物尺寸相同，为"足尺"。三棱形比例尺较常用，其尺身上标有6种比例（1∶100、1∶200、…、1∶500）。作图时应选择合适的比例，保证图纸清晰度，满足适当放大观看细节（图4-1）。

　　**2.模板**

　　模板的种类很多，景观中的模板包含了圆圈模板，主要用于绘制平面类的植物，曲线板用来勾勒道路、湖泊岸线、植物种植线。在运用模板的同时注意笔尖适当倾斜，以免垂直与模板靠得太近墨水渗出影响整体画面效果，如渗出在硫酸纸上，可用刀片轻轻刮去表层。模板也可以反过来用，但不是每个人都适用反面手感。

　　曲线板是用来绘制曲率半径不同的曲线工具。曲线板现在有塑料制成和软金属制成的柔性曲线。在图纸的线条图中，建筑物、道路、水池等的不规则曲线都可以用曲线板绘制。作图时，为了保证线条曲线的优美，体现设计的细节，相邻曲线段之间应留一小段共同段作为过渡，然后通过大小尺核算，找到合适角度连接线条（图4-2、图4-3）。

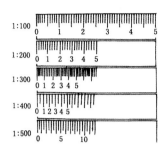
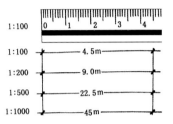

图 4-1　比例尺的常见比例与实际距离的关系

图 4-2　常用的曲线板

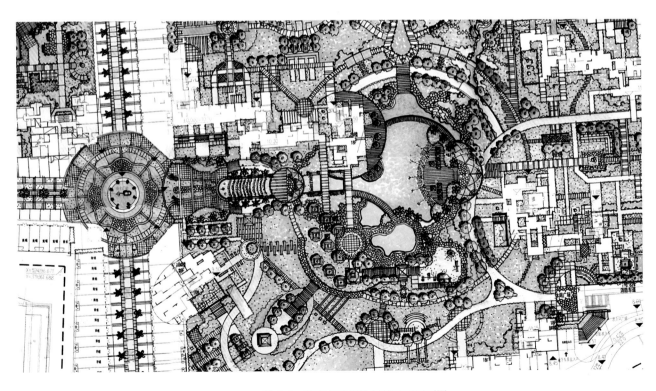

图 4-3　利用曲线板绘制的景观平面图

### 3.字母、数字和文字

在书写标注文字前，可以按照相应的尺寸，先用铅笔打上大致的框架结构区域，这样可以保证整体文字字母的统一。文字方面宜用仿宋体。

（1）为保证字体整齐、美观，书写前应先打字格，字格的高宽比宜用3∶2，字的行距应大于字距，行距约为字高的 1/3，字距约为字高的 1/4，字格的大小与所书写的字体应一致。

（2）汉字不论繁简，都是由横、竖、撇、捺、钩、挑和点等基本笔画构成的，书写时应注重基本笔画，掌握书写要领，并注意各种部首和边旁在字格中的位置和比例关系。

（3）每个汉字是一个整体，其框架结构应平稳匀称、分布均匀、疏密有致。一般字体的主要笔画应该顶格，但像"国、围、图"等全包围结构的字体应四周缩格，"贝、且、月"等应左右缩格。由几个部分组成的字体应注意各部分的比例关系，笔画复杂的应占较大的位置，并且注意笔画之间的穿插和避让。

### 4.标注和索引

在图纸表达中，标注与索引是理解判断图纸的关键，我们应当运用规范的字体和相对醒目的标注，在关键点与数据上可适当运用突出的红色加以提醒。

（1）线段的标注

在图纸的标注过程中，我们常用到线段的尺寸标注，其中包括尺寸界线、尺寸线、起止符号和尺寸数字。尺寸界线与被注线段垂直，用细实线画，与图线的距离应大于2mm。尺寸线与被注线段平行的细实线，通常超出尺寸界线外侧2~3mm，但当两不相干尺寸界线靠得很近时，尺寸线彼此都不出头，任何图线都不得作为尺寸线使用。尺寸线起止符号可用小圆点，线段的长度应该用数字标注，水平线的尺寸应标在尺寸线上方，铅垂线的尺寸应标在尺寸线左侧。当尺寸界线靠得太近时可将尺寸标注在界线外侧或用引线标注。图中的尺寸单位应统一，除了标高和总平面图中可用 m 为标注单位外，其他尺寸均以 mm 为单位。所有尺寸宜标注在图线以外，不能与图线、文字和符号相交。当图上需标注的尺寸较多时，互相平行的尺寸线应根据尺寸大小从远到近依次排列在图线一侧，尺寸线与图样之间的距离应大于10mm，平行的尺寸线间距宜相同，常为 7~10mm。两端的尺寸界线应稍长些，中间的应短些，并且排列整齐（图4-4）。

（2）圆(弧)和角度标注

圆（弧）和角度标注或圆弧的尺寸常标注在内侧，尺寸数字前需加注半径符号 $R$ 或直径符号 $D$。过大的圆弧尺寸线可用折断线，过小的可用引线（图4-5）。

（3）标高标注（图4-6、图4-7）。

标高标注有两种形式：第一种是将某水平面景观作为起点，主要用于个体建筑物图样上。标高符号为细实线绘制的倒三角形，它的尖端指至被注的高度，倒三角的水平引申线为数字标注线。标高数字都是以m为单位，注写到小数点之后第三位；二是以大地水准面或某水准点为起点算零点，多用在地形图和总平面图中。标注方法与第一种相同，但标高符号基本都用黑色三角表示，标高数字可注写到小数点之后第三位。

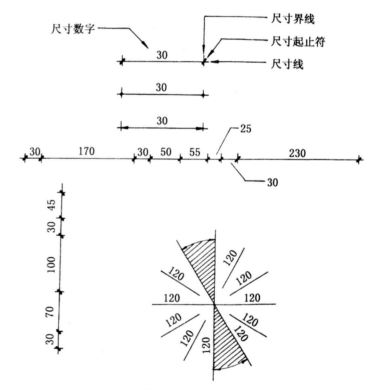

图 4-4　线段标注

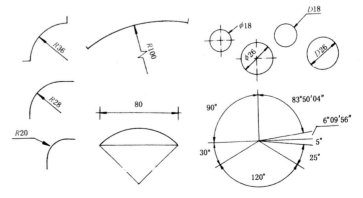

图 4-5　圆弧和角度的标注

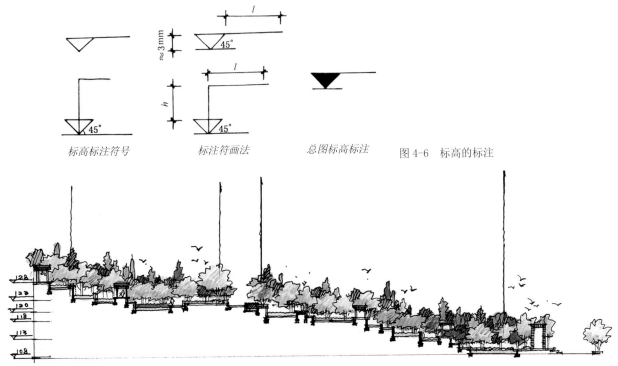

标高标注符号    标注符画法    总图标高标注    图 4-6  标高的标注

图 4-7  标高的标注

（4）引出线。

引出线宜采用水平方向或与水平方向成30°、45°、60°、90°的细实线，文字说明可注写在水平线的端部或上方（图4-8）。索引详图的引出线应对准索引符号圆心，同时引出几个相同部分的引出线可互相平行或集中于一点。路面构造、水池等多层标注的共用引出线应通过被引的诸层，文字可注写在端部或上方，其顺序应与被说明的层次一致。竖向层次的共用引出线的文字说明应从上至下顺序注写，且其顺序应与从左至右被引注的层次一致（图4-9）。同时附加平面图的指北针图例（图4-10）。

（说明文字）        （说明文字）        （说明文字）

图 4-8  引出线

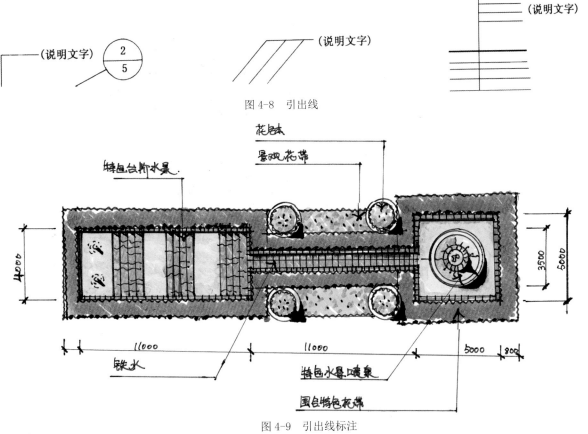

图 4-9  引出线标注

115

图 4-10 指北针图例

（5）指北针。

一般设计图的指针都是指北的，但是有的限于纸张、设计要求等限制，指针有可能不朝上

指针的出现是为了表达设计图中内容在实际操作中的方位的，不一定非要朝上或朝下。

指北针用细实线绘制，圆的直径为24mm，注明"北"或者"N"。指针尾部宽度应为3mm，需要用较大的直径绘制指北针的时候，指针尾部宽度应为直径的1/8。

通过本章节的制图要点解析，分析重点表现图纸设计环节、制图规范标注使我们可以更好地为接下来的设计表现方案做准备（图4-11）。

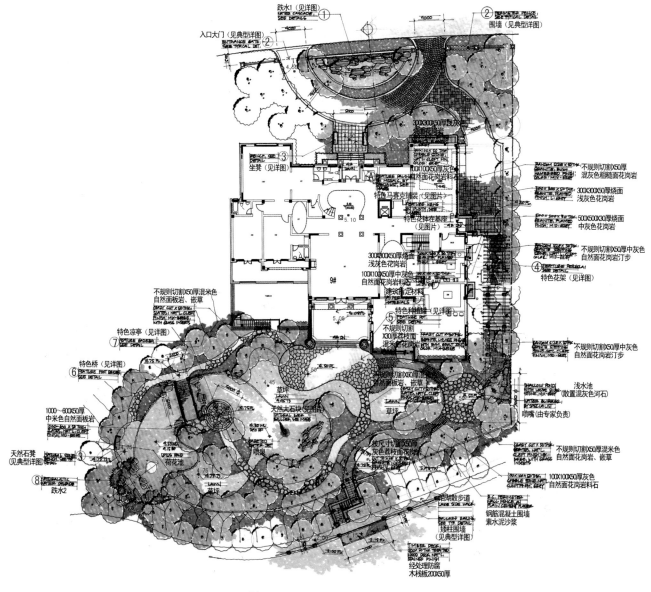

图 4-11 景观设计规范制图范例

## 二、景观平面图表现方法

### 1.树木的平面落影

树木的落影是平面树木重要的表现方法，它可以增加图面的对比效果，使图面明快、有生气。树木的地面落影与树冠的形状、光线的角度和地面条件有关，在园林图中常用落影圆表示，有时也可根据树形稍稍作些变化。

先选定平面光源的方向，定出落影量，以等圆作树冠圆和落影圆，然后擦去树冠下的落影，将其余的落影涂黑，并加以表现。对不同质感的地面可采用不同的树冠落影表现方法（图4-12）。

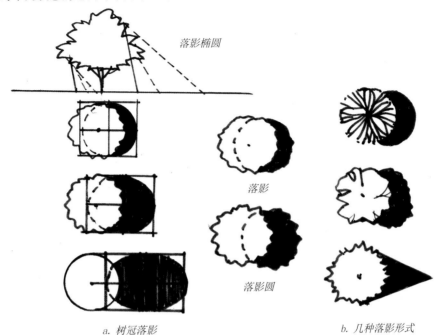

*a. 树冠落影*　　　　　　　　　　　*b. 几种落影形式*

图4-12　树木的落影

### 2.景观平面图表现方法

在景观平面图的表现中，各种形式的平面植物图例表现最为复杂，也是画好一张平面表现图的前提，所以在画之前必须熟悉不同植物的平面图例的表现方法。植物的种类很多，各种类型产生的效果不同，表现的时候应该加以区别对待。

（1）不同类别植物平面图例（图4-13～图4-15）。

轮廓型：树木平面只用线条勾勒出轮廓来，线条可粗可细，轮廓可光滑也可以带缺口。

分枝型：在树木平面中只用线条组合表示树枝与树干的分支。

枝叶型：在树木平面中既表示分支，又表示冠叶，树冠可用轮廓表示，也可用质感表示。

图 4-13　不同类别植物平面图例

景观平面表现方式（常用树种）

阔叶树

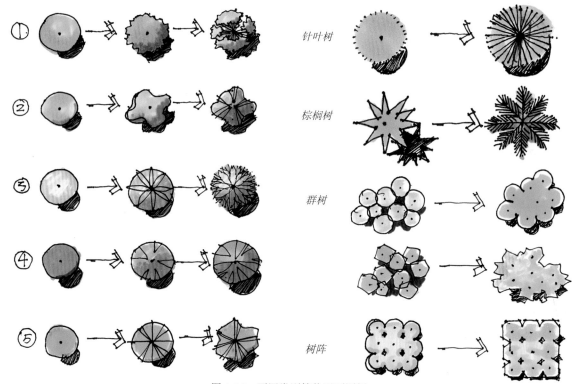

图 4-14　不同类别植物平面图例

植物落影与形态在场景中的运用

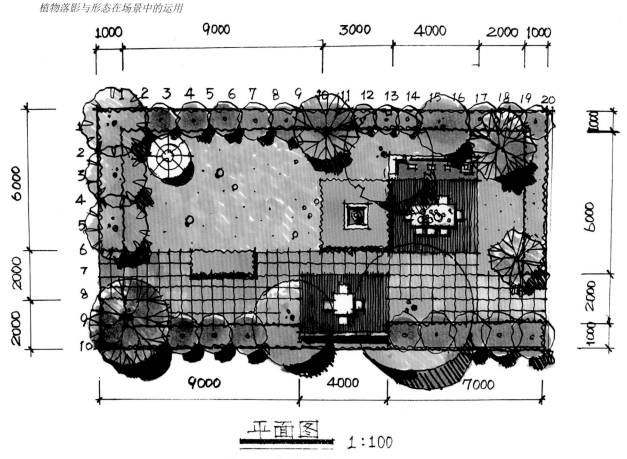

图 4-15　不同类别植物平面图例

（2）景观平面图表现要点解析。

a.当画几株相连的相同树木的平面时应适当注意避让，使图面景观平面图内容表达更加清晰。

b.平面图中的架构很多时候就用简单的轮廓表示（图4-16），在设计图纸中，当树冠下有花台、水面等低矮的设计内容时，树木不应过于复杂，要注意避让，不要遮挡住下面的内容。

c.物体的落影是平面重要的表现方法，它可以增加画面的对比效果，使图面更加生动.

d.景观构筑物包括亭、廊、雕塑、花坛、桥等（图4-17），这些都是掌握景观平面画法的必备元素。

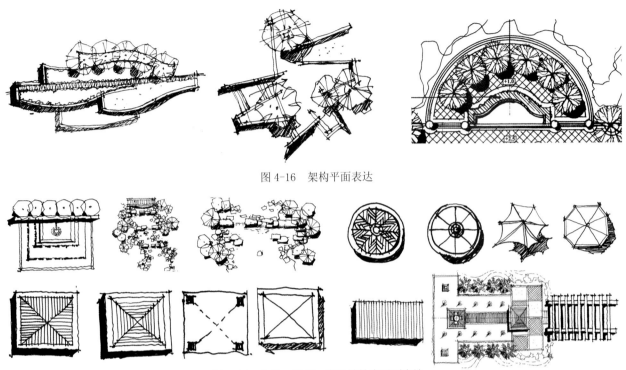

图 4-16　架构平面表达

图 4-17　水景、亭子、廊架等轮廓平面表达

（3）平面图表现范例（图4-18～图4-20）。

a.树木的平面表达可以先以树干的位置为圆心，树的平均半径为半径画圆，再加以表现。

b.树木落影具体方法，先根据设计内容画出植物平面图例，再选定平面光线的方向，定出落影量，以等圆画出落影圆，用黑色将落影涂黑即可，不同的植物类型可采用不同的落影。

c.注意植物与其他景观架构之间的穿插和遮挡的关系。

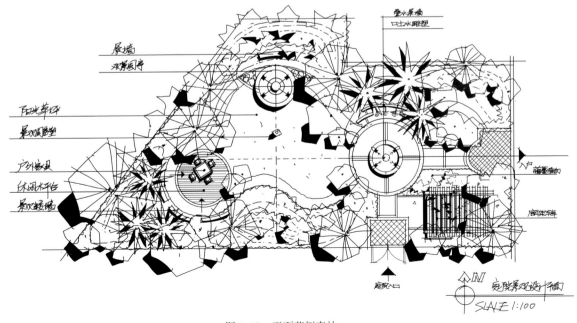

图 4-18　平面范例表达

119

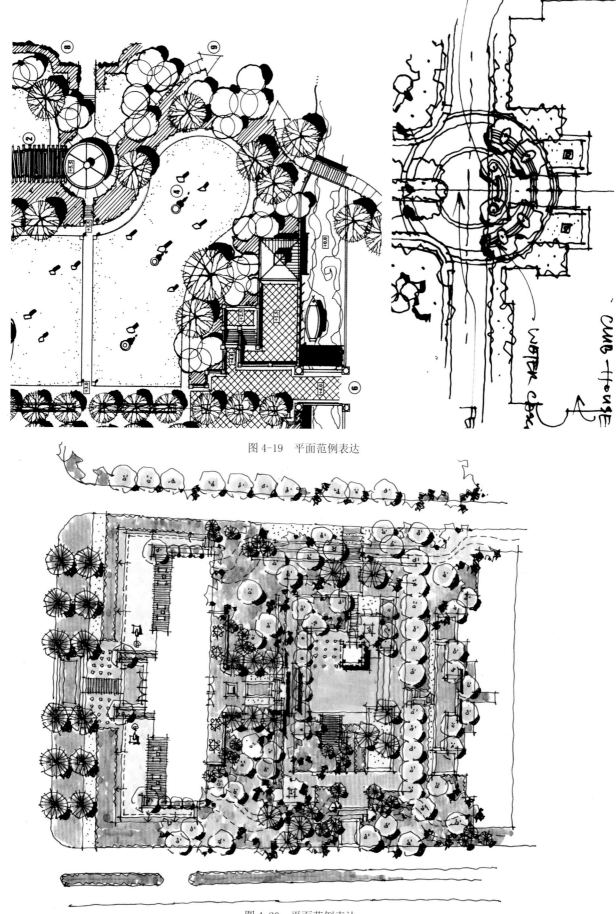

图 4-19　平面范例表达

图 4-20　平面范例表达

（4）景观平面设计范例及要点。

a.点、线、面是景观设计中的造型元素，是景观设计中不可缺少的重要应用元素，点、线、面各要素的种类、形态、视觉特性的不同应用会产生不同的景观效果。

b.在平面设计中，线型分为直线、曲线、斜线、折线等不同的区别。不同的线型在景观设计中的应用会产生不同的景观效果。

c.注意在绘制时，应该让密的地方重，疏的地方轻，才能体现整体的轻重与疏密感。

### 三、平面图表现

立面图、剖面图、透视图和鸟瞰图中，平面图最有用、最重要。对平面性很强的园林设计来说，更能显示出平面图的重要性。平面图能表示整个园林设计的布局和结构、景观和空间构成以及各设计要素之间的关系。

在各阶段的设计中，平面图的表现方式有所不同，施工图阶段的平面图较准确、表现较细致；分析或构思方案阶段的平面图较粗犷、线条较醒目，多用徒手线条图，具有图解的特点。平面图可以看作为视点在园景上方无穷远处投影所获得的视图，增加投影的平面图具有一定的鸟瞰感，带有地形的平面图因能解释地形的起伏而在园林设计中显得十分有用。

平面图是各种设计要素的综合表现，关于平面图中各种设计要素的平面表达或表现方法在前几节中已做了较详细的介绍，下面仅提供平面表现和平面分析的图例，供制图和设计参考，在平面表现图中应注意图面的整体效果。在平面分析图中应清晰、醒目、主次分明（图4-21）。

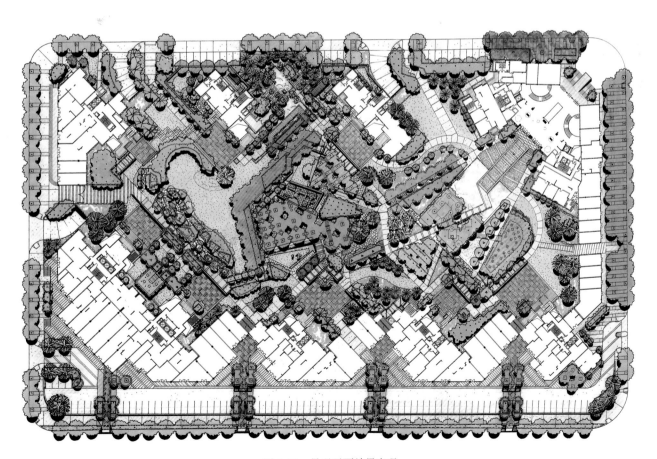

图 4-21　景观平面效果表现

## 第二节　景观剖面、立面的表现分析

### 一、景观立面、剖面表现

地形、水面、植物和建筑及构筑物是构成园林实体的四大要素。园林中景物的平面、立(剖)面图是以上这些要素的水平面(或水平剖面)和立(剖)面的正投影所形成的视图。地形在平面图上用等高线表示，在立面或剖面图上用地形剖断线和轮廓线表示；水面在平、立面图上分别用范围轮廓线和水位线表示；树木则用树木平面和立面表示。地形、水面、植物在平、立(剖)面图中的详细表示方法见本章前述内容。下面将介绍园景立面(图4-22)和剖画图(图4-23)的区别以及比例的选择。

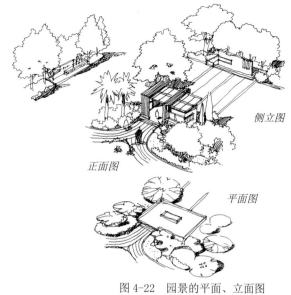

*侧立图*

*正面图*

*平面图*

图4-22　园景的平面、立面图

园景剖面图是指某园景被一假想的铅垂面剖切后，沿某一剖切方向投影所得到的视图，其中包括园林建筑和小品等剖面，但在只有地形剖面时应注意园景立面和剖面图的区别，因为某些园景立面图上也可能有地形剖断线。通常园景剖面图的剖切位置应在平面图上标出，且剖切位置必定处在园景图之中，在剖切位置上沿正反两个剖视方向均可得到反映同一园景的剖面图，但立面图沿某个方向只能做出一个，因此当园景较复杂时可多用几个剖面表示(图4-24)。

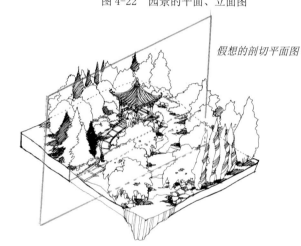

*假想的剖切平面图*

图4-23　园景剖面的概念

图4-24　园景剖切后所形成的视图

园景平面、立面、剖面图常用的比例为1：50、1：100、1：200，其他比例也可用，但应优先选用常用比例。比例宜注写在图名的右侧，比例数字字应与图名字的底线取平，字高比图名小1~2个字号(图4-25)。

通常一个图形只能用一种比例，但在地形剖面、建筑结构图中，水平和垂直方向的比例有时可不同，施工时应以指定的比例或标注的尺寸为准。平面图上应标注方向，方向用指北针表示。若不考虑地形轮廓线，则做法要相对容易些。因此，在平地或地形较平缓的情况下可不作地形轮廓线，当地形较复杂时应作地形轮廓线。

**比例的选用**

| 图　纸　名　称 | 常　用　比　例 | 可　用　比　例 |
|---|---|---|
| 总　平　面　图 | 1:500、1:1 000、1:2 000 | 1:2 500、1:5 000 |
| 平面、立面、剖面图 | 1:50、1:100、1:200 | 1:150、1:300 |
| 详　　　　图 | 1:1、1:2、1:5、<br>1:10、1:20、1:50 | 1:25、1:30、1:40 |

图4-25　园景剖切后所形成的视图

**二、景观的立面、剖面图形成分析图**

景观设计立面图主要反映空间造型轮廓线，设计区域各方向的宽度，建筑物或者构筑物的尺寸、地形的起伏变化，植物的立面造型高矮，公共设施的空间造型、位置等。

绘制要点：

（1）树木的绘制根据高度和冠幅定出树的高宽比（图4-26）。

（2）绘制时可先根据各景观要素的尺寸，定出其高、宽之间的比例关系，然后按一定比例画出各景观要素的外形轮廓（图4-27、图4-28）。

（3）立面图上也要表现出前景、中景和远景间的关系。注意植物与其他景观架构之间的穿插和遮挡的关系（图4-29）。

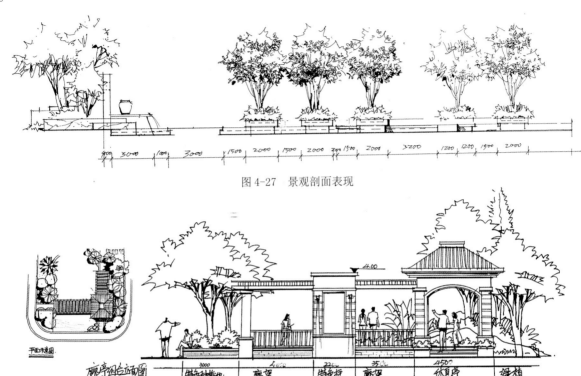

图 4-27　景观剖面表现

图 4-28　景观立面表现

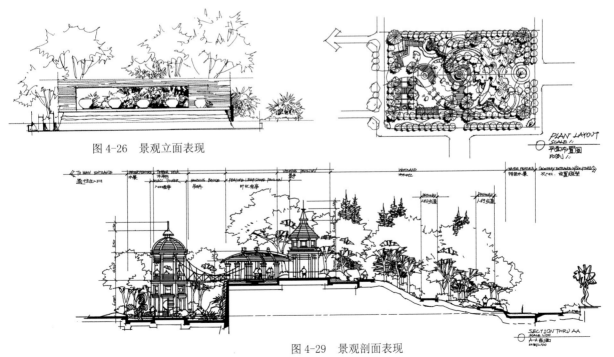

图 4-26　景观立面表现

图 4-29　景观剖面表现

123

### 1.剖立面图绘制步骤

平面方案完成以后，根据平面开始进行竖向设计，剖立面图是主要的设计内容，考验设计师对地形高差处理和空间塑造的敏感度。从视觉上考虑，一个好的设计作品很大一部分取决于方案的竖向设计。那么接下来我们来看看如何快速地根据平面图准确绘制剖立面图。

一般情况下平面图和立面图最好是相同比例，这样更能直观地感受空间的尺度。图例中分别以同等比例和放大比例两种方式来绘制剖立面图。

（1）与平面图同等比例绘制剖立面（图4-30）。

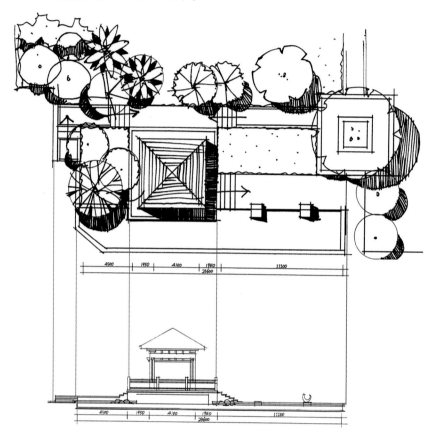

*步骤一：把剖立面图的基线平行于平面图，并按照平面中构筑物的体量作垂直线相交于基线，得到立面图的横向尺度，再以横向尺度为参考确定构筑物的高度。在此阶段从绘图角度来讲重在把握图纸的宽度和高度的比例关系，从设计角度而言要关注高低落差的处理和构筑物的结构形体与整个设计风格相协调*

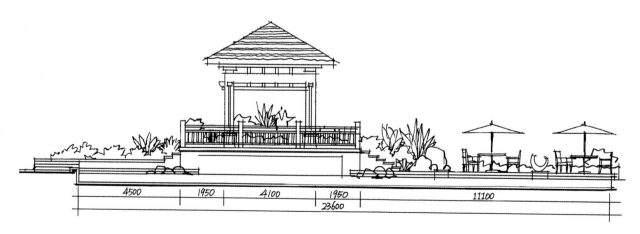

*步骤二：在能准确地把握立面图的尺度之后可以开始绘制相关的植物配置和构筑物的详细细节。植物配置根据平面图和植物配置图来确定，从低矮的灌木到高大的乔木，从近到远、层次明确，空间合理地布置植物。除构筑物以外周边的景观小品和休闲座椅也同样参考空间比例来绘制*

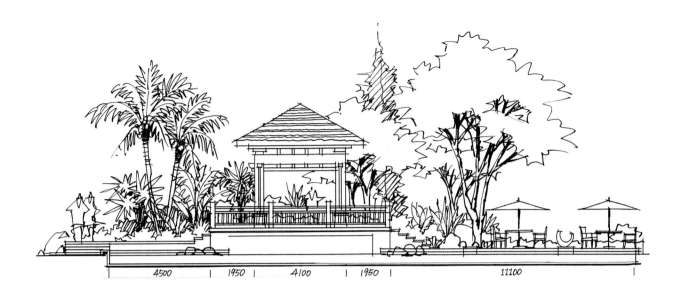

步骤三：此步骤主要考虑景观构图和天际线的设计，天际线的设计要考虑构筑物与高大乔木在以天空为背景的衬托下所形成的韵律感。配置植物也是以构筑物为中心，服务于构筑物的配置基础。图中我们可以感受到棕榈乔木和凉亭、松柏、大乔木林冠线起伏的韵律感，这也是我们考虑竖向设计的一个任务。从表现角度而言，此步骤是立面图线稿最后一个步骤，我们需要考虑植物的前后叠加关系、疏密关系和植物的种类。再根据光源画出光影关系即可

步骤四：马克笔上色参考第三章马克笔的上色技法。立面图上色注意植物配置的前后的明暗、冷暖关系，以及交代出构筑物的材质即可

图 4-30　景观立面绘制步骤图

（2）按比例放大立面图。

为满足工作中需要绘制不同比例立面图的绘制需求，我们需要掌握如何快速准确地绘制出不同比例的立面图（图4-31）。

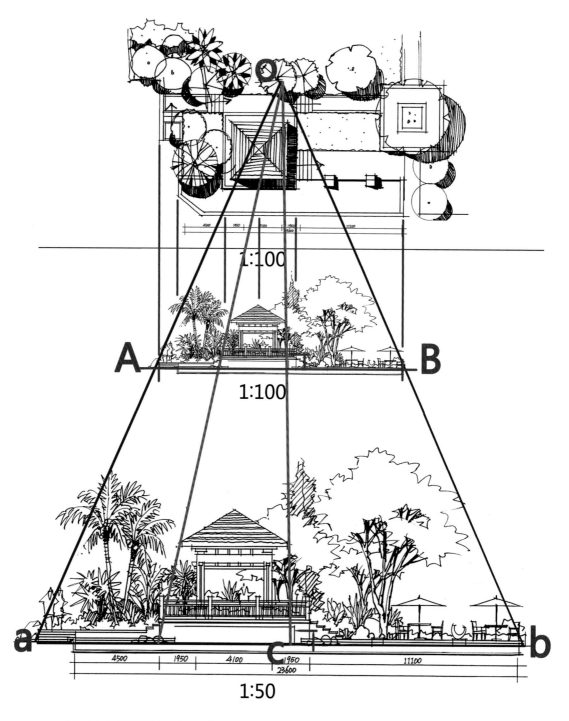

首先确定立面图的横向尺度 *AB*，假设图纸需要扩大一倍，只需将横向尺寸乘以 *2* 得到 *ab*。再找到 *AB* 和 *ab* 的中点作中轴线 *OC*，再连接 *aA*、*bB* 相交于 *O*，可得到一个等腰三角形。以此类推就能得到其他的尺度

图 4-31　按比例放大立面图

**2.立面效果图表现实例（图4-32、图4-33）**

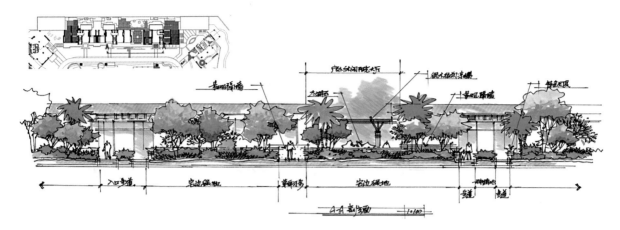

图 4-32　小区景观剖面图

图 4-33　小区广场景观剖面图

## 三、景观剖面图表现方法

剖面图的画法大致上与立面图相同，但立面图只画看到的部分，而剖面图则要画出内部结构(图4-34~图4-38)。

剖面图绘制要点：

(1)必须了解被剖物体的结构，肯定被剖到的和看到的，即必须肯定剖线及看线；

(2)其次，想要更好地表达设计成果，就必须选好视线的方向，这样可以全面细致地展现景观空间；

(3)最后，要注重层次感的营造，通常都是通过明暗对比来强调层次感，从而营造出远近不同的感觉；

(4)剖面图中需注意的是，剖线通常用粗实线表示，而看线则用细实线或者虚线表示以示区别。

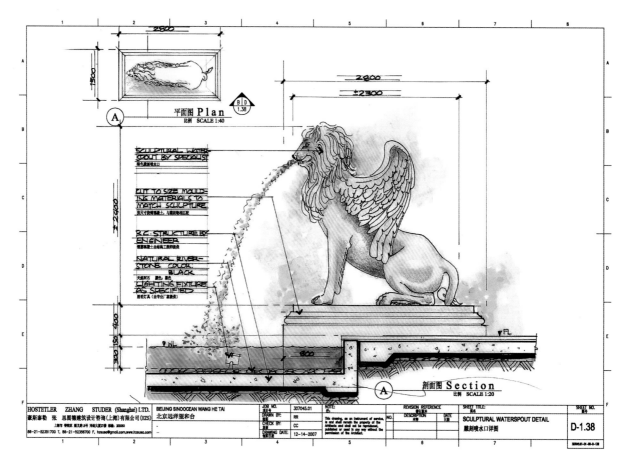

图4-34 景观剖面图表现

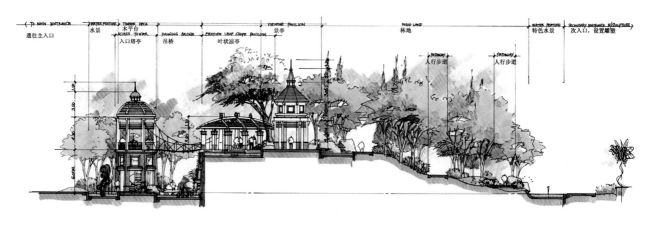

图4-35 欧式小区景观剖面图

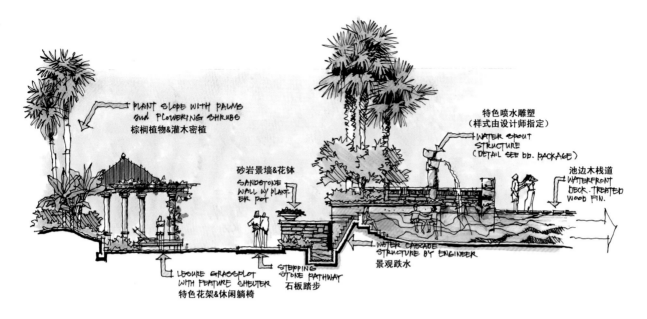

图 4-36 风景区滨水景观剖面图

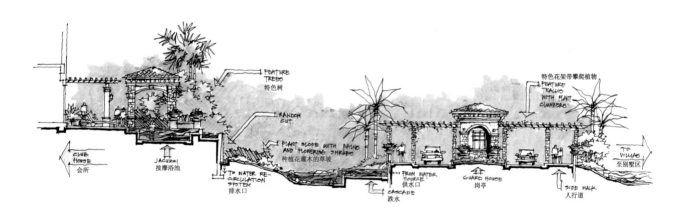

图 4-37 风情酒店景观剖面图

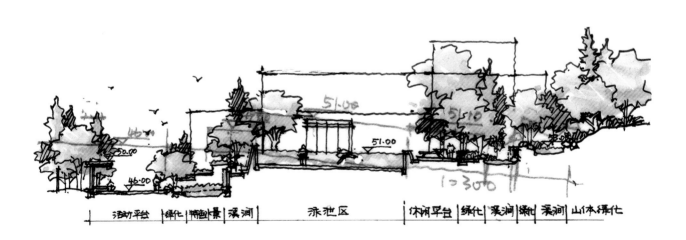

图 4-38 别墅庭院景观剖面图

**四、其他平立面表现作品参考（图4-39、图4-40）：**

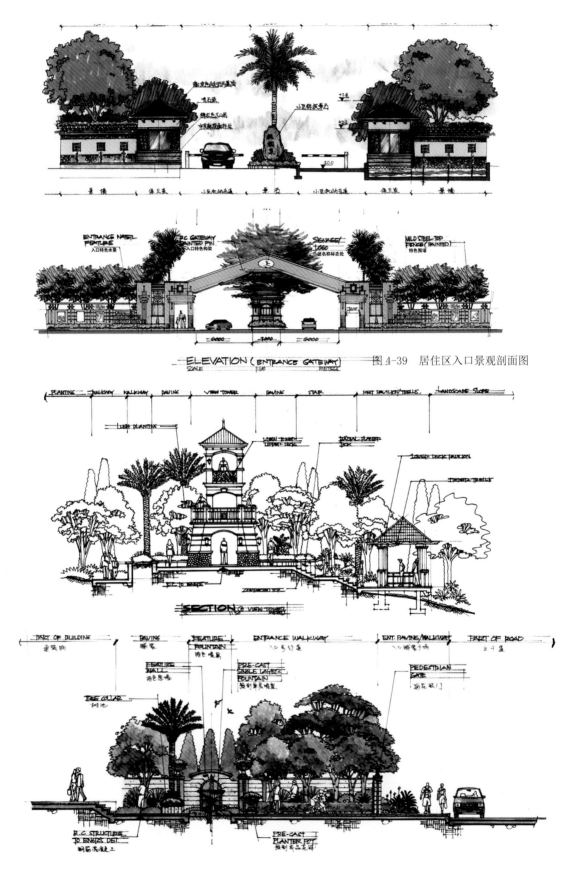

图 4-39　居住区入口景观剖面图

图 4-40　居住区景观剖面图

### 第三节　分析图的表现

　　合理的功能分析是设计构思阶段的第一步，已成为一个设计方案考虑的重点。

　　（1）功能分区的定义：

　　功能分区就是将各功能部分的特性和其他部分的关系进行深入细致、合理、有效的分析，最终决定它们各自在基地内的位置、大致范围和相互关系。功能分区常依据动静原则、公共和私密原则、开放与封闭原则进行分区。也就是在大的景观环境或条件下，充分了解其环境周围及邻近实体对人产生相互作用的特定区域；是人与环境协调的焦点。由此，我们可以理解景观功能分区充满了无限的生动性和灵活性，也有无数的不确定性。功能分区是人与环境契合的焦点，也是一个景观构成的重要设计环节。

　　分析图种类:

　　（2）植物分析图、景观分析图、交通流线分析图、照明分析图、人行流线分析图、车行流线分析图、竖向分析图、消防分析图、日照分析图、户型分布图、视线分析图、道路分析图、功能分析图、场地分析图、功能分区分析图、景观结构分析图、景观视线分析图等。

1.植物配置分析

　　（1）当地植物和外地植物、旱地植物和水生植物、乔灌草立体绿化的几种组合形式。

　　（2）景区与植物的分区规划：可按四季分或按观赏姿态分，比如特色植物区、观叶植物、观花植物、观枝干植物、观果植物、观根系植物、闻花香植物等。

　　（3）主要景点的特色组合：植物群落式（森林式、疏林草地式、地被式、草坪式）、花坛式、花境式、盆花式、湿地式、花石组合、花木组合、庭院组合、障景花木、分景花木。

　　（4）屋顶绿化、墙面绿化、攀缘植物。

　　（5）广场重点的四季花卉选择:春季、夏季、秋季、冬季用适合植物，及其种植形式（图4-41）。

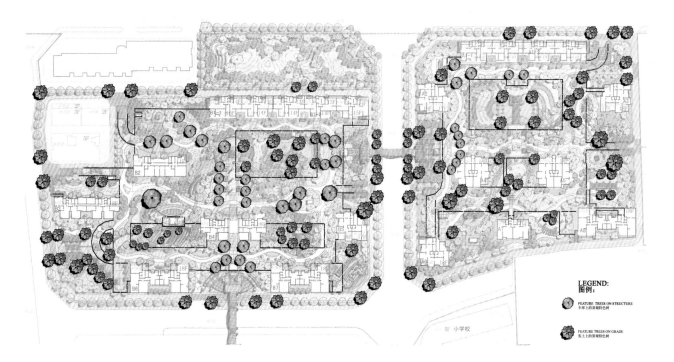

图4-41　植物配置分析图

## 2.景观功能分析（图4-42、图4-43）

（1）景区定位：文化主题是什么，功能定位是什么？

（2）主题分析：主题，分题，如何过渡？如何结束？

（3）功能定位：观赏休闲功能、娱乐活动功能、科学研究功能、科普教育功能、商业管理功能、水电卫配套功能。

（4）游线分析：主要游线有几条，各自走线和景点数、游览时间？主要景点是如何欣赏，在这个主要景点里可望到的其他相关景点是什么？

（5）标志景观：是何种形式？建筑型、小品型、花木型。

（6）主景分析：它的前景、中景、背景如何？

（7）广场分析：边界、轴线、中心、起承转合、主景、空间、尺度、比例。

（8）人性化：亲水性、残疾人通道、休息场所、标志标识。

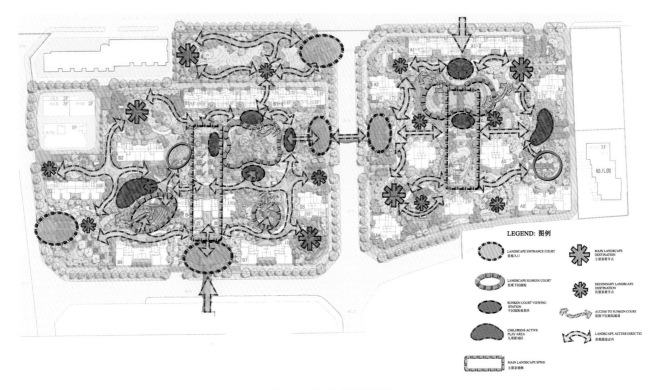

图 4-42  景观功能分析图

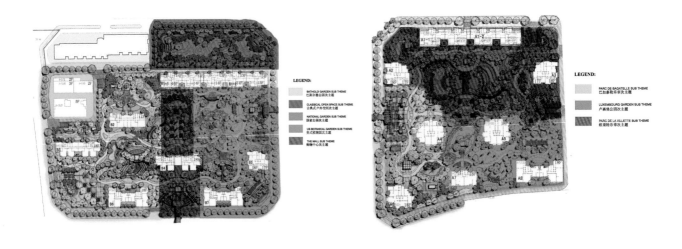

图 4-43  景观功能分析图

3.道路交通分析（**图4-44**）

（1）内部道路分析：道路级别分析，三级道路，环行车行道、步行道、独行道各自道路宽度；断面分析方面，是平地、山地、水路？如是水路，水深多深？水底是何种材质，如何处理？

（2）外部道路分析：高速口从哪里来？飞机如何到达？城市环路、城市干道、最近国道或省道或县道与之的关系。

（3）内部交通分析：车行、自行车行、步行、船行，汽车停车场、自行车停车场、电瓶车修车场、停车场车位数，是否地下停车？如何解决交通分流？船行出发码头、停泊码头、出入口有几个？为何那么设置？主入口和次入口各在何位置？为何这么设？出入口是否设游人中心？

（4）外部交通分析：外地到该城市是坐飞机、火车、汽车？站场距离景区多远？各种交通形式各要行走多长时间才能到达景区？各到达哪个出入口？城市公交站在何位置？几处？与所在景点的位置关系？各占多少份额？哪一处与之联系最紧密？城市其他地方进入景点的交通形式，是公交、打出租车、地铁、轻轨？

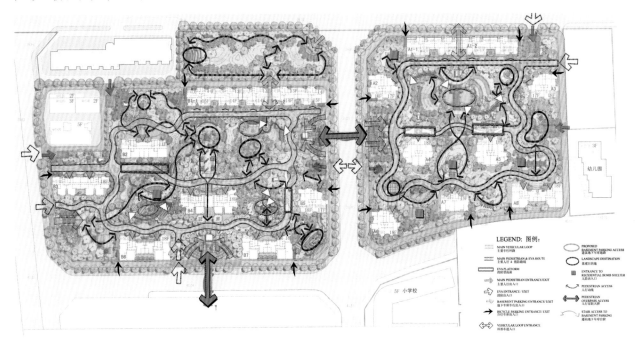

图 4-44　道路交通分析图

4.人行流线分析图（**图4-45**）

（1）小区出入口 + 紧急出入口。

（2）市政路。甲方提供的地形图上一般会直接标出。

（3）商业人行流线。如果有商业区（一般在小区出入口附近或者沿街会有底层商业区），要把商业区人行流线表示出来。

（4）小区内人行路：一般画到入户即可，不必太细，示意图而已，尽量好看美观。

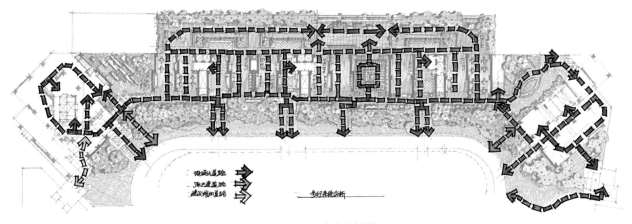

图 4-45　人行流线分析图

5.车行流线分析图

车行流线分析图一般含有小区出入口、车库出入口、市政道路等，线型应根据不同的道路有明显区分，出入口处应单独标注（图4-46）。

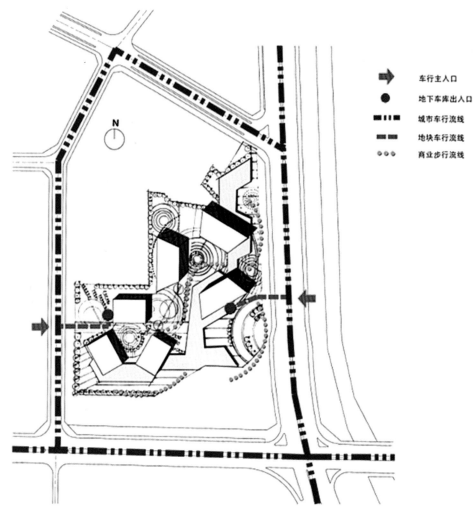

图 4-46　车行流线分析图

6.夜景电力分析

（1）强电：夜景照明的几种形式包括：功能路灯、草坪灯、庭院灯、重点建筑或景点的照明方式，如轮廓灯、投射灯等。

（2）弱电：背景音乐、公用电话、报警电话。

7.景观竖向分析：

主要是分析场地的竖向关系，也就是标高的关系，简单说就是场地内的高低关系。

一般竖向分析可分为前期分析和后期分析。前期分析是指在设计前场地现状的竖向分析，帮助设计师在设计前充分认知场地，可以达到地形上的有趣性设计和减少土方挖填量的作用。后期分析是指设计完成后场地内部的竖向关系，分析说明设计师如何进行竖向设计。

8.消防分析

（1）消防车道：宽度4m，净高4m。是否环形车道，如无，则应为终端回车场——15m×15m。

（2）易燃易爆：物品如油库、炸药库在何位置？

（3）消防栓位置：重点区域和一般区域如何解决？

（4）消防站：位置，到最远点的距离几米？可以几分钟到达？

（5）建筑内消防：是否做疏散出入口和通道？楼梯是封闭楼梯还是防烟楼梯？

### 第四节　效果图透视角度的选择

　　效果图表现首先建立在透视基础上，透视是手绘画面的"骨架"，如果说方案主体内容是"肌肉"，那么配景就是"表皮"。配景是画面构成当中重要的组成部分，其华丽的外表使画面更加丰富。

　　手绘效果图要遵循构图的几个要素：前景、中景、远景。在表现上重视近大远小，近实远虚的原则，不能顾此失彼。画面主体结构要符合平面方案的布局，然后在空间线稿上对方案画面进行着色（图4-47～图4-50）。

　　（1）选择一个好的角度来表现景观的空间，体现设计中要展现给客户的节点。我们从这个平面图上选择了既可以体现出建筑，还有动静结合的水、木栈道。为了拉远视线，画面适当向左移，看得更远，空间也就更有了进深感（图4-47）。

图 4-47　效果图透视角度的选择

　　（2）对于图4-48中的平面图，在选择画它的空间透视时，可以从两方面考虑：一是视点居中，朝正面方向画过去；二是视点或偏左或偏右。第二种方式画出来后，会更多地体现一侧的空间。所以这里选择了第一种方式，体现沿道路两侧有序变化的空间设计（图4-48）。

图 4-48　效果图透视角度的选择

（3）在这个平面设计方案中，我们考虑的是一个效果图可能无法表达整个创意的设计细节，因此也从它的几个不同功能分区找到要表达的位置（图4-49、图4-50）。

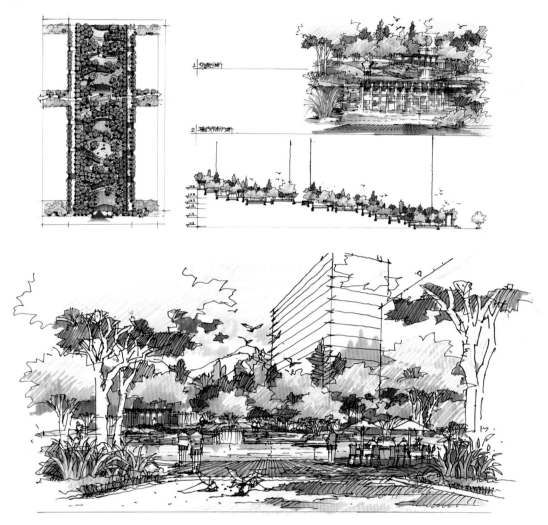

图 4-49　效果图透视不同角度的选择　作者：柏影

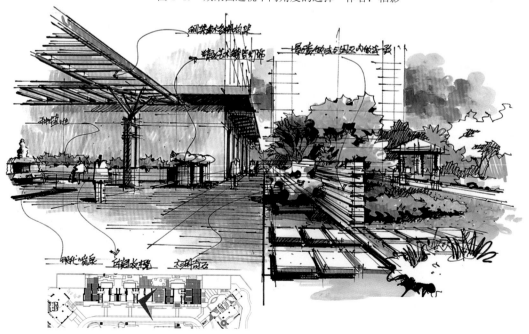

图 4-50　效果图透视角度的选择　作者：秦志敏

# The **Fifth** chapter

## 手 绘 设 计 作 品 欣 赏

# 第五章

　　手绘风格多种多样，不同的人有着不同的绘画习惯，所产生的画面风格会有所不同。我们要善于发掘和探索，创造出不同的绘画技巧和风格。这样便需要我们经常练习、提高手绘技巧。多去记录一些生活场景，多去练习一些草图。

　　大多手绘高手的画面都会有属于自己的风格。有写实性的手绘、设计手绘草图、概念性的手绘草图、电脑手绘，甚至是水彩手绘、水粉手绘等。但是他们都会注重重要的一点，即画面的整体统一感。一幅画面各部分的技法风格给人的感受都很一致。所以当我们欣赏一幅手绘作品的时候首先要看其画面是否整体统一、色调统一、绘画技巧统一，再慢慢地品味其带给我们的意境。

## 第一节　手绘表现作品赏析

作者：陈红卫

作者：陈红卫

作者：沙沛

作者：沙沛

作者：严健

作者：严健

**第二节　手绘草图作品赏析**

作者：马晓晨

作者：马晓晨

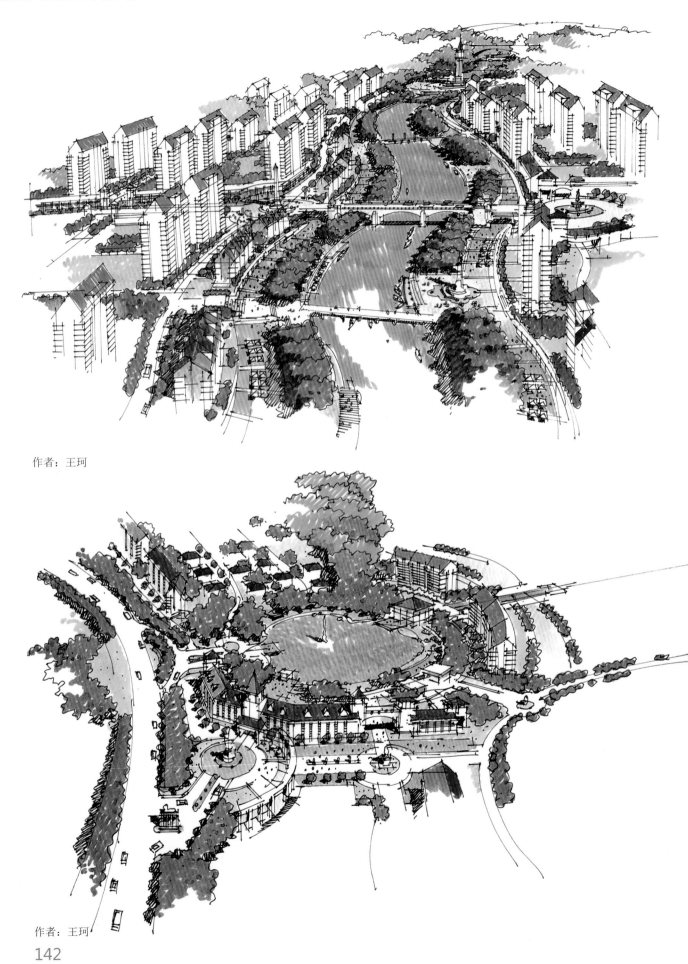

作者：王珂

作者：王珂

作者：秦志敏

作者：秦志敏

143

## 第三节　快题作品赏析

校园景观快题设计　作者：邓蒲兵

屋顶花园景观快题设计　作者：邓蒲兵

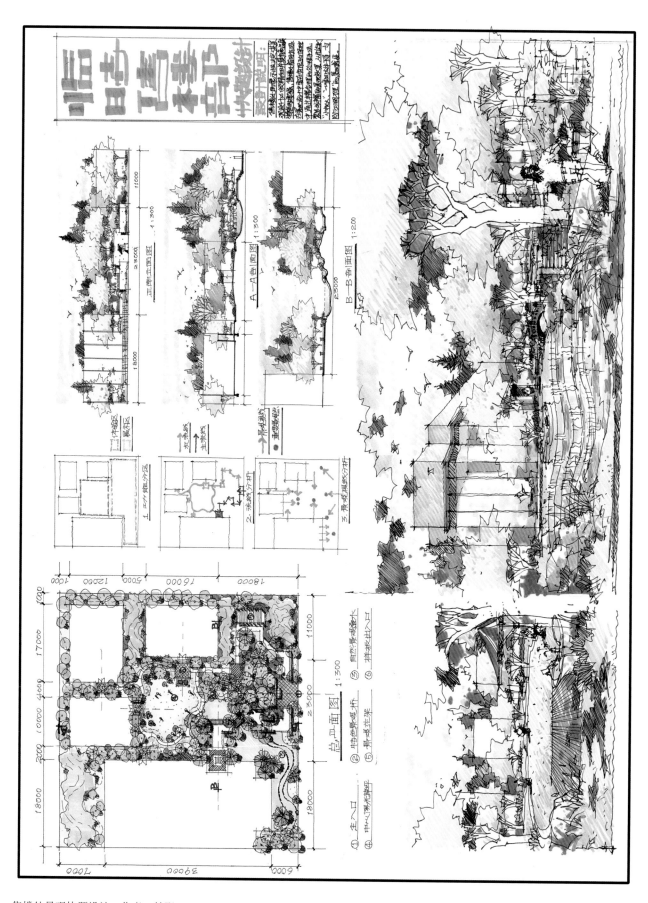

售楼处景观快题设计　作者：柏影

别墅庭院景观
快题设计

庭院景观快题设计    作者：柏影

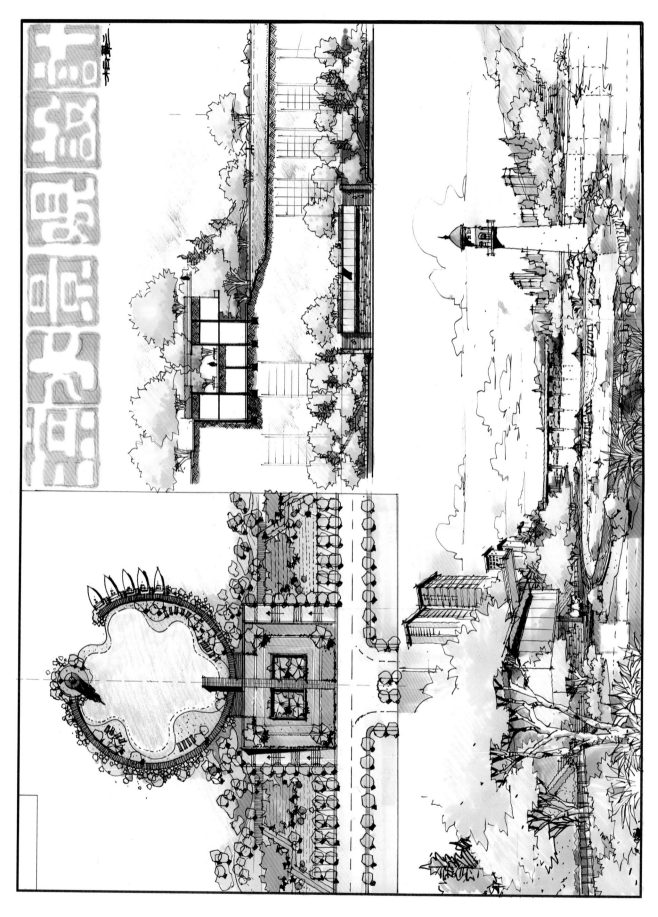

滨水景观快题设计　作者：柏影

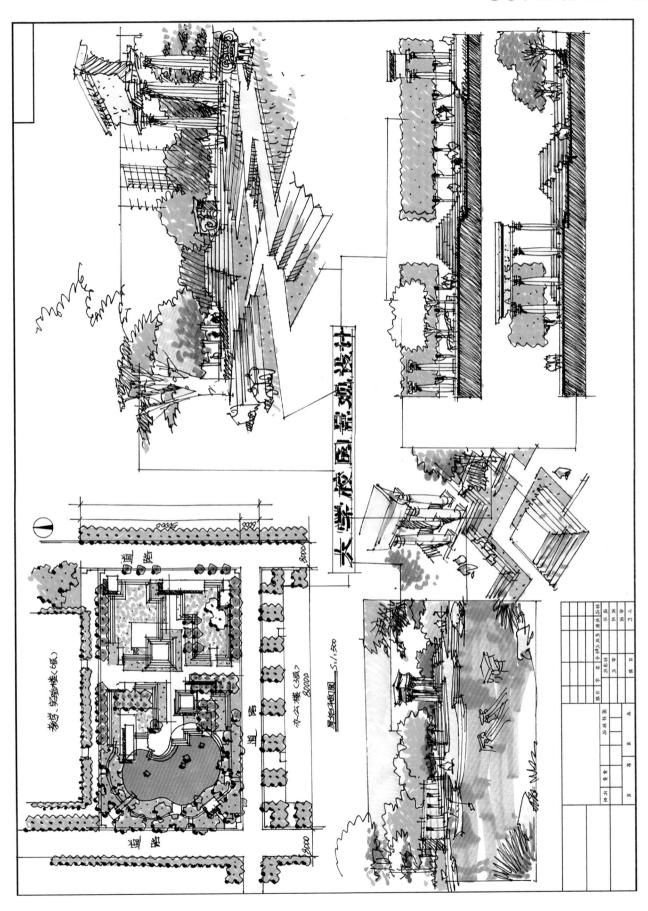

校园景观快题设计　作者：王珂

# 商业街景观快题设计

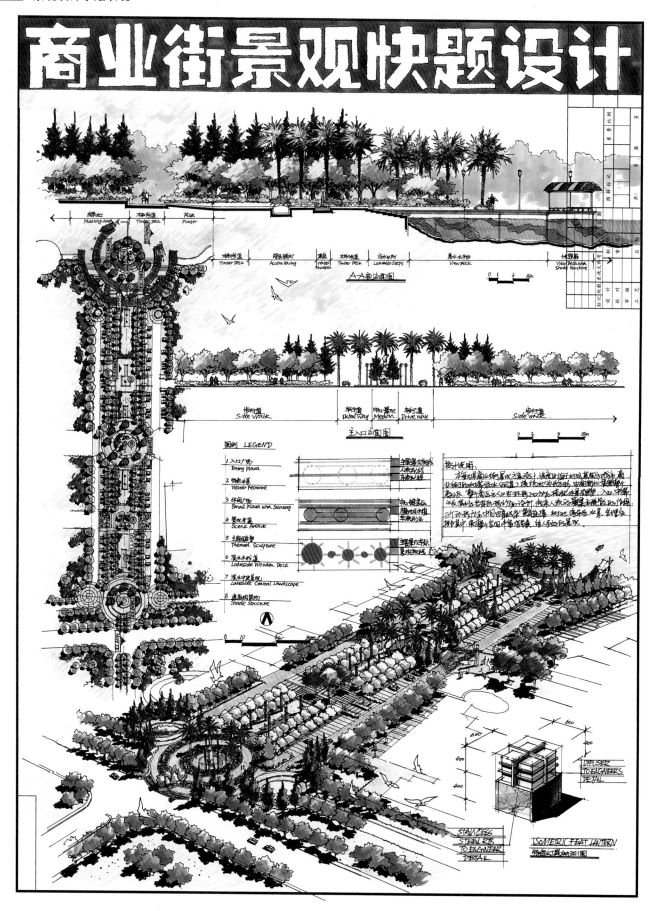

## 第四节　设计文本赏析

　　设计由于其具有专业性，设计成果和内容只有设计师看得懂。设计成果是要面对客户、政府部门等第三方非专业人士的，因此设计文本的作用就是提供给非专业人士更通俗易懂的成果展示，按部就班地梳理设计理念、概念，整理清晰的框架分析，让设计意图清晰明了。

　　设计文本内容包括：项目概况、设计依据、设计原则、设计指导思想、设计目标、前期基地分析、概念设计、规划定位、总体设计、局部设计、技术经济指标及投资估算。

　　该项目为澳大利亚·柏涛景观的居住小区设计案例——南宁印尼园，节选了文本中概念设计部分，精细准确的设计手稿很好地表达了设计内容，对手绘、设计的学习有很好的参考价值。

**文本节选**

　　本项目基地位于南宁市民族大道东盟国际商务区中心位置，北临民族大道交通主干道，西临森林公园、南靠青秀山公园和体育主题公园，东侧为各国居住社区，净用地面积为41047.39m²，总建筑面积731.80m²，景观设计面积约30000m²。

总平面图

　　印尼园的总体设计概念源于度假村酒店的设计理念。体现了原汁原味的印度尼西亚园林风情，通过严谨而合理的设计手法，营造成为和谐、舒适、理想的居住地。

　　在印尼园，阐述的是住宅环境的使用功能与景观效果的平衡，传递的是来自印度尼西亚真实的美景韵味。园林设计中围绕以人为本的设计理念，巧妙布局、合理分区，为不同的居住者提供了各种功能性活动空间。

　　绿化设计在把握风格、塑造丰富的景观层次的同时，适当引入当地绿化品种，合理搭配，使之成为园区景观设计中最重要的景观构成元素。材质古朴自然的特色景墙，造型考究的景观亭，充满印尼热带民俗风情的各种景观小品，以及主入口处的特色门廊、园林矮灯座等等构筑物，都传达着来自印度尼西亚的异域风情，独具特色。

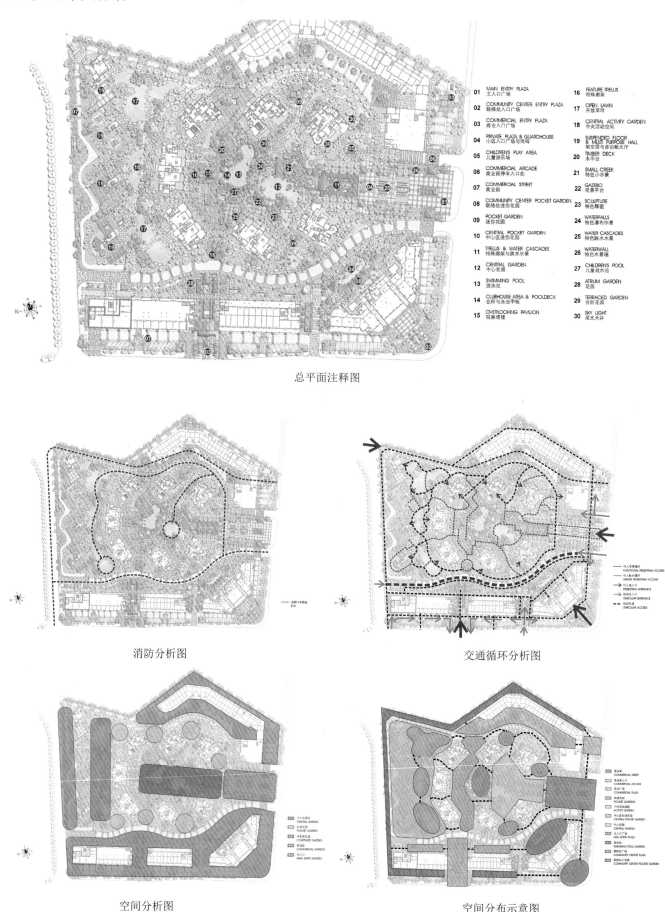

| | | | |
|---|---|---|---|
| 01 | MAIN ENTRY PLAZA 主入口广场 | 16 | FEATURE TRELLIS 特殊廊架 |
| 02 | COMMUNITY CENTER ENTRY PLAZA 联络处入口广场 | 17 | OPEN LAWN 开放草坪 |
| 03 | COMMERCIAL ENTRY PLAZA 商业入口广场 | 18 | CENTRAL ACTIVITY GARDEN 中央活动空间 |
| 04 | PRIVATE PLAZA & GUARDHOUSE 小区入口广场与岗哨 | 19 | SUSPENDED FLOOR & MULTI PURPOSE HALL 架空层与多功能大厅 |
| 05 | CHILDRENS PLAY AREA 儿童游乐场 | 20 | TIMBER DECK 木平台 |
| 06 | COMMERCIAL ARCADE 商业街停车入口处 | 21 | SMALL CREEK 特色小水池 |
| 07 | COMMERCIAL STREET 商业街 | 22 | GAZEBO 观景平台 |
| 08 | COMMUNITY CENTER POCKET GARDEN 联络处迷你花园 | 23 | SCULPTURE 特色雕塑 |
| 09 | POCKET GARDEN 迷你花园 | 24 | WATERFALLS 特色瀑布水景 |
| 10 | CENTRAL POCKET GARDEN 中心区迷你花园 | 25 | WATER CASCADES 特色跌水水景 |
| 11 | TRELLS & WATER CASCADES 特殊廊架与跌水水景 | 26 | WATERWALL 特色水景墙 |
| 12 | CENTRAL GARDEN 中心花园 | 27 | CHILDRENS POOL 儿童戏水池 |
| 13 | SWIMMING POOL 游泳池 | 28 | ATRIUM GARDEN 花园 |
| 14 | CLUBHOUSE AREA & POOLDECK 会所与泳池甲板 | 29 | TERRACED GARDEN 台阶花园 |
| 15 | OVERLOOKING PAVILION 观景塔楼 | 30 | SKY LIGHT 采光天井 |

总平面注释图

消防分析图

交通循环分析图

空间分析图

空间分布示意图

#### 南国之门——小区主入口广场

本小区主入口广场与中心花园有4.8m的高差，在设计中使景观配合地形变化，弥合建筑与地形之间的设计罅隙使其浑然一体，同时体现出本小区的观赏性与尊贵感。主入口广场作为本小区对外的公共景观，结合该处较大的高差，利用山石、流水、植栽、瀑布等丰富的元素，展现出地形的魅力，其间自然堆砌的山石或灌木丛或原石栏杆或印尼风情雕塑，加上鲜艳的花草植物，高大的棕榈树阵，精致的入口喷泉，特色的门廊，无不使人感到来自印度尼西亚的风情，同时感受到华丽与尊贵。

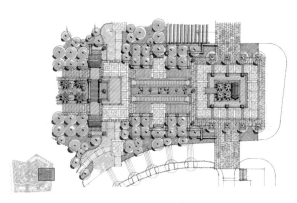

小区主入口方案一

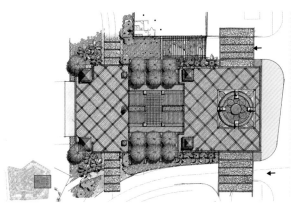

小区主入口方案二

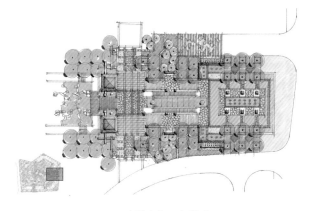

小区主入口方案三

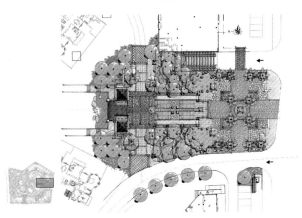

小区主入口方案四

#### 巴厘印象——中心花园、会所泳池、组团花园、8-11#楼架空层

巴厘岛是印度尼西亚著名的旅游区。岛上有制作精美的雕塑，有风格独特的绘画，有怡人的自然美景，有华丽舒适的人造景观，岛上一年四季鲜花盛开，绿树成荫，巴厘岛是人们眼中的"天堂岛"，拥有"花之岛""艺术之岛""诗之岛""东方的希腊"等美誉，岛上的人们生活自然逍遥，这里的一切都宛如人间仙境。

本设计通过对中心花园、会所泳池、组团花园、架空层的景观处理，将巴厘岛怡人的景观，充满活力的文化小调，悠闲舒适的生活氛围带给印尼园的居民，营造又一人间仙境。

#### 中心花园

高贵的门廊、如镜的池水、自然石材饰面的景墙、铁艺门框、印尼风格的特色花钵及跌水等，丰富的景观元素配以多层次的热带植物，给人以生机盎然的感觉。花园设计中采用景随步移，对景、框景的精妙手法，将园路、景观亭、草坪、溪流、清泉、雕塑完美地结合起来。蜿蜒的园路带着人们穿过树荫斑驳的热带丛林，经过开阔碧绿的草坪、沿着潺潺而下的溪流，来到亲切舒适的亲水木平台，感受飘着荷香的清泉。从会所泳池跌落的淙淙清泉，使整个花园充满宁静与安逸。

#### 会所泳池

会所泳池是整个小区景观轴的中心，而泳池东北侧会所屋面花园上的特色观景亭，是景观轴的视觉焦点，利用建筑原有场地的高差做成跌水，营造无边界泳池效果，在泳池区内，泳者可以靠在布满神话传说的浮雕墙旁，享受温暖的阳光，可以沐浴着由怪鱼石雕嘴里喷出的水花，感受戏水的乐趣，儿童泳池与成人泳池的交接处，汩汩清泉从3个印尼特色水钵内涌出，落到水面，溅起朵朵水花，泳池的休息平台上排放着太阳伞和躺椅，在这里人们可以悠然自得地享受休闲的时光，泳池的一侧是优美如梯田的带状阶梯花池，穿插拾级而上的台阶和点缀的花木，使游人的视野随着景观的层次逐步展开。

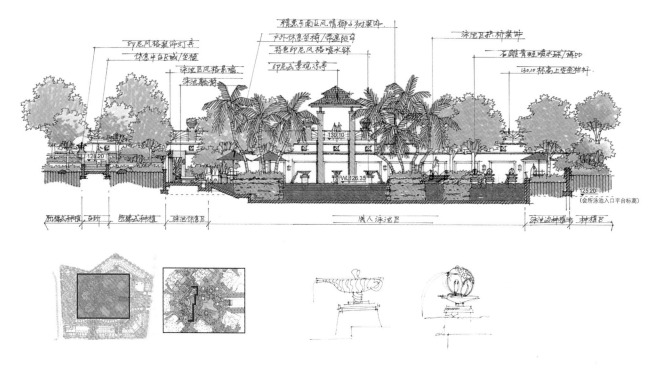

小区中心园区剖面图一

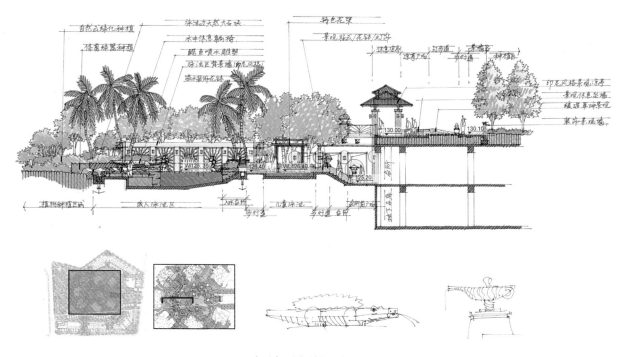

小区中心园区剖面图二

**组团花园**

    中心花园的良好搭配，其间葱茏的树林，大片自然起伏的草坪，贯穿其中的园路将人们引至尺度舒适亲切的邻里花园，走出家门的人们可在邻里花园内聚会，闲聊，可坐或躺在柔软的草地上，任由细碎的阳光穿过树荫散落在身上，几只黑黢黢的大蛤蟆石雕随意地蹲在几棵大树下，仿佛正在享受一段惬意的休闲时光，该处采用收放自如的设计手法，以求为住户提供自在、舒适的休闲空间。

**8-11#楼架空层**

　　利用架空层半室内空间的特点，在该区域设计棋牌休闲区，各具功能的健身场地、儿童器械活动区、休闲茶座等功能空间，为丰富景观效果，在各功能区放置印尼特色的成品花钵及雕塑，使人们在优美、舒适的环境中活动时既能享受到清凉的微风，又可避免日晒雨淋。

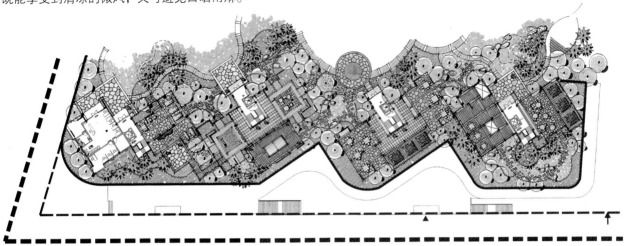

*架空层局部平面图*

**千岛商旅——8-11#楼商业街、桂雅路商业街、商业岛**

　　商业街是人们购物、休闲、娱乐、餐饮的场所，在满足商业街使用功能的基础上，将千岛之国印度尼西亚特有的艺术文化融入本小区商业街景观的设计中，采用具有印尼特色的铺装设计，结合高大列植的棕榈乔木，整石荷花水钵，精致喷泉，特色雕塑，组合门户花坛、具有广告功能的艺术柱等景观元素，营造热闹时尚充满印尼风情的特色商业街。

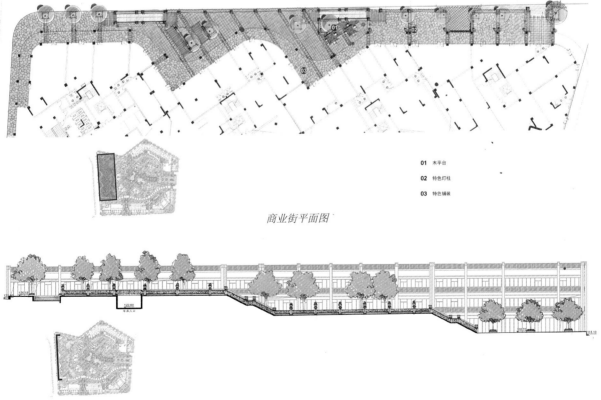

**01**　木平台

**02**　特色灯柱

**03**　特色铺装

*商业街平面图*

*商业街立面图*

**植物设计说明**

巴厘岛被称之"花之岛",岛上一年四季鲜花盛开,绿树成荫,典型的热带园林景观。

广西南宁气候、酸性土壤等自然因素适合很多热带植物生长,为营建印尼特色的热带园林景观提供了良好的植物资源条件。植物景观设计重在风格上的体现与细节上的处理。结合建筑的布局、硬质景观的设计以及景观功能区域的分布,合理划分绿植景观的空间,疏密得当,并注意各绿植空间内部的联系与统一。为突出印尼特色,在植物品种的选择上尤其重要,采用棕榈科植物配置。在注重植物层次搭配的同时,也要仔细处理植物色彩、质感上的对比与统一。

**设计图纸赏析**

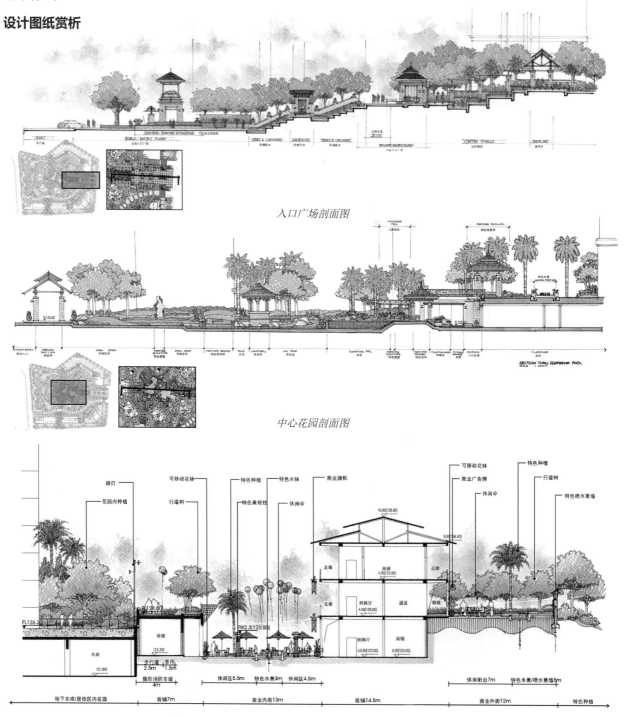

入口广场剖面图

中心花园剖面图

联络处景观剖面图

中心园区透视图一

中心园区透视图二

中心园区透视图三

中心园区透视图四

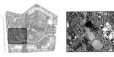

中心园区透视图五

中心园区透视图六

中心园区透视图七

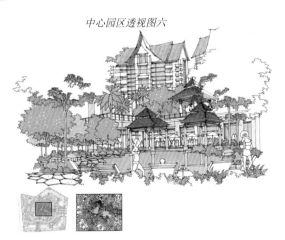

中心园区透视图八

入口广场区与中心园区连接处透视图

联络处景观透视图

# 全球最大、最专业的手绘设计教育机构

## 庐山艺术特训营

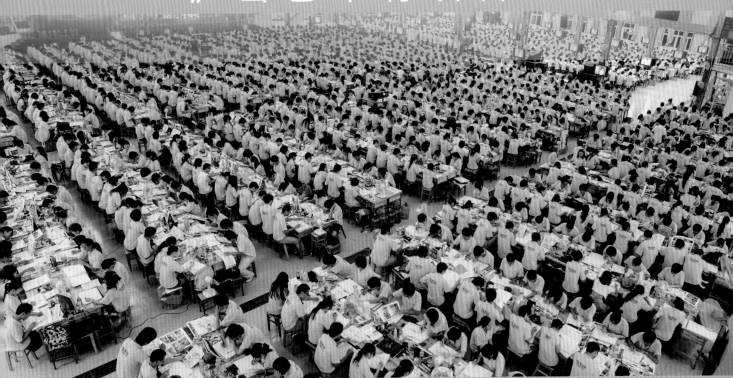

**庐山手绘特训营：**

**性　　质：** 官方设计类订阅号

**主要内容：** 庐山艺术特训营最新资讯；最新手绘资料、教学视频分享；世界前沿设计、行业最新资讯。

**庐山艺术软装训练营：**

**性　　质：** 官方设计类订阅号

**主要内容：** 软装（陈设）设计；庐山软装；特色课程架构；多元互动、和而不同；优秀设计师的平台；软装设计精英；引导软装设计潮流；软装设计产、学、研平台；优秀师资；卓越平台！

**庐山手绘网络课堂：**

**性　　质：** 官方设计类订阅号

**主要内容：** 庐山手绘网络在线教学平台，手绘课堂视频回放，庐山特训名师教学、名师作品，国内外精品手绘分享。

庐山艺术特训营官方网站 http://www.ztj365.com

# 致　谢

十分感谢教研团队邓蒲兵、王姜、邓文杰、谢宗涛、柏影、程翔军为本书的编写所付出的努力。他们一直专注于手绘设计教学研究，拥有大量丰富的教学经验；也正是由于他们的专业精神与敬业精神，本书才得以和大家见面。也十分感谢嘉宾为本书提供的大量手稿，丰富了本书的内容。特别是各公司提供的实战项目，通过手绘的形式来探索设计构思，很好地向读者展示了手绘思维的过程与重要性。在此特别感谢山水彼德公司马晓晨、柏涛景观公司王珂、设计师柏影、赛瑞景观秦志敏……感谢他们展现的才华和大量精彩的手稿。同时，也要感谢辽宁科学技术出版社对本书出版进行的专业修改。正是诸位的专业精神与职业素养，才使得本书与读者如期见面，谢谢！

**图书在版编目（CIP）数据**

景观设计手绘表现/庐山艺术特训营教研组编著 . —
沈阳 : 辽宁科学技术出版社 , 2016.7 (2017.11重印)
　ISBN 978-7-5381-9831-7

　Ⅰ.①景… Ⅱ.①庐… Ⅲ.①景观设计－绘画技法
Ⅳ.① TU986.2

　中国版本图书馆 CIP 数据核字 (2016) 第 121940 号

出版发行 : 辽宁科学技术出版社
　　　　　（地址 : 沈阳市和平区十一纬路25号 邮编 : 110003）
印 刷 者 : 辽宁一诺广告印务有限公司
经 销 者 : 各地新华书店
幅面尺寸 : 210mm × 285mm
印 　 张 : 10
字 　 数 : 200千字
出版时间 : 2016年7月第1版
印刷时间 : 2017年11月第3次印刷
责任编辑 : 闻　通
封面设计 : 舒丽君
版式设计 : 舒丽君
责任校对 : 栗　勇
书 　 号 : ISBN 978-7-5381-9831-7
定 　 价 : 68.00元

编辑电话 : 024-23284740
投稿信箱 : 605807453@qq.com
邮购热线 : 024-23284502
http://www.lnkj.com.cn